文部科学省後援

日本化粧品検定 **1** 級対策テキスト

コスメの教科書 ［第3版］

成分や中身を理解し、
化粧品を見分ける知識を学ぶ

はじめに

「美容」とは、顔やからだつき、肌などを美しく整えるという意味のことばです。「美」を整えるものとして、化粧品はなくてはならない存在です。肌や化粧品について科学的な根拠のある正しい知識があれば、世の中に星の数ほどある化粧品や美容に関連するアイテムを最大限に効果的に使うことができます。マッサージや生活習慣の改善などでも美しい肌へ、無駄なく、より近道で整えることができるはずです。そのお手伝いが本書と「日本化粧品検定」でできることを願っています。

日本化粧品検定協会　代表理事
化粧品を心から愛している
小西さやか より

SNSなどでは、不確かな情報を目にすることがよくあります。科学技術の進歩に伴い、情報は日々アップデートされています。本書では、科学的根拠をできるだけ考慮し、肌や美容、化粧品成分、法規制など、幅広い知識を級ごとに分かりやすく解説しています。すべての方が化粧品を楽しんで使い、将来の生活の質の向上につながることを願っています。

日本化粧品検定協会　理事
藤岡賢大 より

本書の使い方

　本書は「日本化粧品検定」の公式テキストです。合格を目指す方の受験対策として、必ず理解してほしい重要なポイントを見逃さないように、マークや赤字でわかりやすく表示しています。試験直前の理解度チェックにも役立ちます。また、化粧品や美容を学ぶ教科書としてもご活用いただけます。

検定POINT
重要な部分には「検定POINT」マークがついています。重点的にチェックしましょう！

試験勉強に便利な「赤シート」
暗記すべき内容は、赤字で記載されています。付属の赤シートを重ねて赤字の語句を隠しながら、理解できているかをチェックすることができます。

公式キャラクターのここちゃん
美容・化粧品が大好き！コスメコンシェルジュとして、たくさんの人に正しい化粧品の知識を広めるために日々奮闘中。

LINEスタンプはこちらから

〈 **本書の取り扱いに関する注意事項** 〉

本書の著作権・商標権等及びその他一切の知的財産権は、すべて一般社団法人日本化粧品検定協会、代表理事小西さやか、および正当な権利を有する第三者に帰属します。許可なく本書のコピー、スキャン、デジタル化等の複製をすることは、著作権法上の例外を除き禁じられています。
また、著作権者の許可なく、本書を使用して何らかの講習・講座を開催することを固く禁じます。
ただし、日本化粧品検定協会が認定するコスメコンシェルジュインストラクター資格保有者に限り、協会の定めた範囲で日本化粧品検定受験のための講習・講座を実施することができます。
上記を守っていただけない場合には、協会の定めた規約に基づく措置または法的な措置等をとらせていただく場合がありますのでご了承ください。

法律改定などによりテキスト内容に変更や誤りが生じた際には、協会公式サイトに正誤表を掲載いたします。お手数ですが随時ご確認ください。

日本化粧品検定とは？

文部科学省後援*
化粧品・美容に関する知識の普及と向上を目指した検定です

＊1・2級

　日本化粧品検定は、美容関係者はもちろん、生涯学習を目的とする方や学生など、年齢や性別を問わず、さまざまな方に挑戦していただいている検定です。
　化粧品の良し悪しを評価するのではなく、化粧品の成分や働きを正しく理解することで、必要なものを選択する力が身につきます。

キレイになるために　　**就職・転職に**　　**キャリアアップに**

検定保有者を優遇をしている企業がたくさんあります

化粧品業界認知度
知っている 約90％!!
※2023年1月化粧品開発展セミナー 参加者アンケート（n=697）

社員研修や社内資格制度などスペシャリストの育成にも活用されている日本化粧品検定。採用試験での優遇や資格手当の支給など、検定保有者に優遇対応をしている企業がたくさんあります。

協賛サポート企業が570社以上もあるんだ！
※2024年6月末時点

実施要項

	1級	2級	準2級	3級
受験資格	年齢・性別を問わず、どなたでも、何級からでも受験できます。			
受験料	13,200円	8,800円	4,950円	無料
	併願受験 19,800円（同日に1級と2級を受験）			
試験方法	マークシート方式（試験時間60分）	マークシート方式（試験時間50分）	Web受験（試験時間40分）	Web受験（試験時間15分）
出題数	60問		50問	20問
合格ライン	正答率70%前後		正答率80%前後	正答率80%
試験範囲	1級・2級・準2級・3級	2級・準2級・3級	準2級・3級	3級
実施時期	5月、11月の年2回		随時 ※2025年春開始予定	随時
試験開催地	札幌・仙台・東京・横浜・さいたま・静岡・千葉・名古屋・京都・大阪・福岡をはじめ、全国の各都市にて開催		オンライン	オンライン

※特級 コスメコンシェルジュについては巻末ページを参照ください

各級の内容と試験範囲

日本化粧品検定には、特級、1級、2級、準2級、3級と5種類の検定試験があります。日本化粧品検定最上位の「特級 コスメコンシェルジュ」は、1級合格者だけが目指せる資格です。

3級　受験料無料　スマホでOK　最短5分
間違いがちな化粧品の知識について正解を学ぶ

間違いがちな化粧品の知識を正し、今よりワンランク上のキレイを目指します。Webで無料で受験できます。

3級 受験はこちら

合格者には、合格証書（PDF）をメールでお届け！

15分間で、全20問にチャレンジ！
合格ラインは正答率80％（16問正解）。

※証書原本は有料発行
価格：3,300円（税込）

準2級　Web受験可　スマホでOK
キレイを引き出すための化粧品の基本的な使い方を学ぶ

スキンケア、メイクアップ、ボディケア、ネイルケアなどの化粧品の基本的な使い方とお手入れ方法を学びます。

準2級 受験はこちら

（2025年春開始予定）

3級・準2級は、オンライン受験できます！

2級 　文部科学省後援　ニキビ・毛穴・シミ・シワなど、肌悩みの対策を学ぶ

美容皮膚科学に基づいて、肌悩みに合わせたスキンケア、メイクアップ、生活習慣美容、マッサージなど、トータルビューティーを学びます。

皮膚の構造としくみ	肌悩みの原因とお手入れ	メイクテクニック	生活習慣美容	筋肉・ツボ・リンパ

1級 　文部科学省後援　成分や中身を理解し、化粧品を見分ける知識を学ぶ

化粧品の中身や成分に加え、ボディケア、ヘアケア、ネイルケア、フレグランス、オーラル、化粧品にまつわるルールなど幅広い知識を学びます。

化粧品原料	スキンケア	メイクアップ	ヘアケア	フレグランス
	乳液の主な構成成分 （訴求成分） 界面活性剤 油性成分 水・水溶性成分 （保湿剤・エタノール増粘剤など）			

- ボディケア
- ネイルケア
- オーラル
- サプリメント
- 法律
- 官能評価

▼

特級　コスメコンシェルジュ

化粧品を理解し、肌悩みに合わせた提案ができる「化粧品の専門家」

詳細は巻末ページでチェック！

合格を目指そう！おすすめの勉強法

開始

学習計画を"具体的に"立てる
毎日○時～○時は勉強する、などスケジュールを決めて取り組みましょう。

STEP 1

『公式テキスト』を読み、内容を理解する
『公式テキスト』は項目ごとに収載されています。興味のあるページから読んでいくと楽しみながら勉強することができます。

STEP 2

『公式問題集』で問題に慣れる
知識があっても問題が解けるとは限りません。合格に向けて知識を定着させるなら、『公式問題集』を活用するのがベスト。

『公式問題集』の購入はこちらから

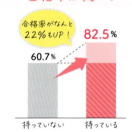

公式問題集購入者は、合格率が高い！

合格率がなんと22％もUP！　60.7％ → 82.5％

持っていない／持っている

※第19回日本化粧品検定2級における合格率比較（問題集購入者と非購入者との比較）

なぜ合格率に差があるの？
- 『公式問題集』からも一部出題される
- 付録の模擬試験（60問）が試せる
- 圧倒的な問題数と詳しい解説がある

直前

『公式テキスト』の検定ポイント、『公式問題集』の「要点チェックノート」や間違えた問題を最終確認
試験の頻出箇所である『公式テキスト』の検定ポイントを総ざらい。あわせて『公式問題集』の「要点チェックノート」で暗記箇所を復習し、間違えた問題を解き直しましょう。試験で正解できるよう最終チェックをしましょう。

さらに合格率が高まる参考書

検定試験に出る成分には検マークがついています!

マンガで楽しく解説!
『美容成分キャラ図鑑』
美容成分がマンガのキャラに!
260成分を収載しています。

『美容成分キャラ図鑑』の購入はこちらから

検定開催月以外でも受験できる認定スクール

5月・11月以外も受験可!
全国にある認定スクールの
講座＋試験を利用

試験つき対策講座を申し込むと、検定開催月以外でもスクール内で受験できます。

認定スクールで合格率UP!

Web通信講座もご用意!

	1級		2級	
平均合格率	67.6%	85.6%	71.1%	84.1%
	平均合格率	対策講座を受講した場合*1	平均合格率	対策講座を受講した場合*1

※過去5回の合格率の平均値を集計
※認定校での受験には、同一校での講座受講が必須です
*1 認定校で受講および受験した場合

全国の認定スクールはこちらで検索!

化粧品の豆知識や勉強法など、検定に役立つ情報満載!

cosmeken

cosme_kentei

cosmekentei

化粧品工場の裏側や化粧品の成分情報など、レアな情報がいっぱい!

再生回数220万!!

美容・化粧品の各分野のスペシャリストが50人以上！

最強の監修者のみなさん

※2級から監修範囲の掲載順に紹介しています

2級監修

佐藤伸一
（皮膚科学）

東京大学大学院医学系研究科皮膚科学 教授、医学博士、日本皮膚科学会 理事

1989年東京大学医学部医学科卒業。医学博士号を取得後、米国デューク大学免疫学教室への留学を経て、金沢大学医学部附属病院皮膚科に在籍する。その後、金沢大学大学院医学系研究科皮膚科学助教授を経て、2004年より長崎大学大学院歯科薬学総合研究科皮膚病態学教授へ。2009年から現職。膠原病、特に強皮症を専門とし、日本各地から患者が集まっている。強皮症に対する新規治療法の開発にも力を入れている。

吉崎歩
（皮膚科学）

東京大学大学院医学系研究科臨床カンナビノイド学 特任准教授・講座長

2006年長崎大学医学部卒業。米国デューク大学免疫学教室留学を経て、2014年東京大学医学部附属病院皮膚科助教、2015年東京大学大学院医学系研究科・医学部皮膚科学講師へ。2018年より東京大学医学部附属病院乾癬センター長兼任。2022年より現職。強皮症や血管炎をはじめとする自己免疫疾患を専門とし、患者診療に当たると同時に、臨床免疫学の分野においても活躍する。

田上八朗
（皮膚科学）

東北大学医学部 名誉教授、医学博士

1964年京都大学医学部卒業。同附属病院皮膚科を経て、1966年～1968年にペンシルバニア大学医学部皮膚科研究員。1969年国立京都病院、京都大学医学部附属病院、浜松医大皮膚科助教授を経て、1983年東北大学医学部皮膚科教授、2003年同大学名誉教授、現在に至る。専門は皮膚科学、皮膚の炎症と免疫皮膚の生体計測工学。著書・国際学術論文多数。

相場節也
（皮膚科学
肌荒れ・安全性）

東北大学医学部 名誉教授、医学博士

1980年東北大学皮膚科入局、1988年アメリカの国立癌研究所留学を経て、1991年東北大学医学部皮膚科講師、助教授、2003年より東北大学大学院皮膚科学分野教授を務める。のちに、松田病院皮膚科部長、東北大学名誉教授。日本皮膚科学会専門医、日本アレルギー学会専門医。

芋川玄爾
（皮膚科学
スキンケア・
紫外線など）

宇都宮大学バイオサイエンス教育研究センター 特任教授、医学博士

つっぱらない洗浄剤・ビオレの開発者。肌表面角層内に存在する細胞間脂質の主成分である「セラミド」の、重要な機能としての水分保持機能（保湿機能）の発見者。アトピー性皮膚炎の発症が、角層のセラミド減少による乾燥バリアー障害に起因する乾燥バリアー病であることを見出し、老人性乾皮症やアトピー性皮膚炎のスキンケアへの応用を切り開いた。乾燥（老人性乾皮症/アトピー性皮膚炎）・シミ（紫外線色素沈着/老人性色素斑）・シワ/たるみの発生メカニズムを完全に解明し、スキンケア剤に関連するスキンケア研究の第一人者として、現在も研究を続けている肌のスペシャリスト。

櫻井直樹
（皮膚科学・
肌悩みと化粧品）

シャルムクリニック 院長

2002年東京大学医学部卒業。日本皮膚科学会、日本美容外科学会（JSAS）、日本レーザー医学会、日本抗加齢医学会専門医。国際中医師、日本臨床栄養協会サプリメントアドバイザー。都内有名美容外科の顧問も歴任。

山村達郎
（皮膚科学）

工学博士

大手化粧品メーカーで処方開発や新素材開発、皮膚計測による肌状態の評価などを担当したのち、製薬会社でスキンケア製品の有用性評価などを担当。医学部皮膚科学教室での皮膚保湿メカニズム研究など、皮膚測定、評価法の研究に長年携わり、日本香粧品学会評議員ならびに日本化粧品技術者会セミナー委員なども歴任。

佐藤隆
（皮脂膜、ニキビ（ざ瘡）、毛穴）

東京薬科大学薬学部 教授

東京薬科大学大学院薬学研究科にて博士（薬学）を取得。カンザス大学医学部にて博士研究員、その後東京薬科大学にて生化学、皮膚科学、生物系薬学分野などの数々の研究論文を発表し、2014年に教授に就任。日本香粧品学会理事、日本痤瘡研究会理事、日本結合組織学会理事のほか、日本薬学会、日本皮膚科学会、日本研究皮膚科学会などに所属。

相澤浩
（ニキビ）

相澤皮フ科クリニック 院長

1980年旭川医科大学医学部卒業、東京医科歯科大学産婦人科教室入局。産婦人科での内分泌の専門から皮膚科へ転科。1987年東京慈恵会医科大学皮膚科学教室入局、東京慈恵医科大学第三病院皮膚科診療科長（講師）を歴任。1992年ニキビとホルモンの研究で医学博士となる。日本皮膚科学会皮膚科専門医。1999年相澤皮フ科クリニック開院。大人ニキビとホルモンバランスを学問で紐付けた第一人者。

竹内啓貴
（くま、シワ・たるみ）

シワ・たるみなどの基礎研究者

2003年信州大学繊維学部応用生物化学科卒業後、ポーラ化成工業へ入社。18年間シワ、たるみ、シミの基礎研究や新規有効成分開発に従事。2011年から2年間、米国Boston Universityにて光老化とシワの基礎研究を実施。皮膚科で最も権威ある論文への掲載など新規肌老化理論を提唱。帰国後はB.Aリサーチセンター長を務める。2021年にプレミアウェルネスサイエンスへ転職後、現在、株式会社I-neにてより市場に近い環境で新価値創出に携わっている。

竹岡篤史
（肌悩みと化粧品成分）

美容成分開発・機能性研究者 スキンケア成分専門家

ペプチドを用いた経皮ワクチンの開発を経て、企業においてスキンケア成分専科部門の立ち上げ、2002年より成分開発に従事。国内外においてスキンケア成分の探索と開発を中心に皮膚への効能研究を専門とする。2016年には「InCosmetics」にてオートファジー誘導成分にて、イノベーションアワード金賞を世界で初めてアジアから受賞。2020年・2023年にもバイオサイエンスメーカー、清酒メーカーと共同研究の末、開発した成分が海外アワードにて受賞。現在においても化粧品会社や製薬企業と共に共同研究・開発を続けている。

小林照子
（メイクアップテクニック）

美・ファイン研究所 創業者、
［フロムハンド］メイクアップアカデミー青山ビューティー学院高等部 学園長

大手化粧品会社にて美容研究、商品開発、教育などを担当。取締役総合美容研究所所長として活躍後、独立（1991年）。美とファインの研究を通して、人に、企業に、社会に向け、教育、商品開発、企画など、あらゆるビューティーコンサルタントビジネスを20年以上にわたり展開している。

小木曽珠希
（メイクアップカラー）

一般社団法人日本流行色協会
レディスウェア／メイクアップカラーディレクター

レディスウェアを中心に、メイクアップ、プロダクト・インテリアのカラートレンド予測・分析、企業向け商品カラー戦略策定のほか、色彩教育にも携わっており、色の基礎知識からトレンドカラーの使い方まで、幅広く教えている。
https://jafca.org/

渡辺樹里
（パーソナルカラー）

メイクカラーコンシェルジュ養成講座 講師

カラーサロン「jewelblooming」代表。パーソナルカラー診断人数は4,000人以上、著名人やインフルエンサーの診断実績も多数あり。商品やコンテンツの監修・カラーアドバイス、記事執筆やYouTube・インスタライブ出演など、イメージコンサルティングに関連する業務に幅広く携わっている。

井上紳太郎
（生活習慣美容）

岐阜薬科大学香粧品健康学講座 特任教授、薬学博士

1977年大阪大学、同大学院修了。鐘紡株式会社薬品研究所、1988年同生化学研究所研究室を経て、2004年カネボウ化粧品基盤技術研究所長に。2009年同執行役員（兼）価値創成研究所長、2011年同（兼）花王株式会社、総合美容技術研究所長を務め、2016年より現職。日本結合組織学会評議員・日本病態プロテアーゼ学会理事・日本白斑学会理事。

米井嘉一
（生活習慣美容
・糖化）

同志社大学生命医科学部 教授、
日本抗加齢医学会理事・糖化ストレス研究会 理事長、
公益財団法人医食同源生薬研究財団 代表理事

1982年慶應義塾大学医学部卒業。抗加齢（アンチエイジング）医学を日本に紹介した第一人者として、2005年に日本初の抗加齢医学の研究講座である、同志社大学アンチエイジングリサーチセンター教授に就任。2008年から同志社大学生命医科学部教授。最近の研究テーマは老化の危険因子と糖化ストレス。

篠原一之
（睡眠・ホルモン）

長崎大学 名誉教授、
キッズハートクリニック外苑前 院長

1984年長崎大学医学部卒業。東海大学大学院博士課程修了後、横浜市立大学、バージニア大学などを経て長崎大学大学院医歯薬学総合研究科神経機能学教授に就任。日本生理学会、日本神経科学学会、日本味と匂学会など、そのほか所属学会多数。小児精神科・心療内科医師でもある。

宮下和夫
（サプリ・食事）

北海道文教大学健康栄養科学研究科 教授（研究科長）

東北大学農学部食糧化学科卒業後、北海道大学水産学部で34年間教鞭をとり教授を務める。のちに帯広畜産大学で3年間の特任教授を経て、現在は北海道文教大学健康栄養科学研究科の特任教授。北海道大学在職中は水産生物由来の機能性成分を中心に研究を行い、国際機能性食品学会会長などを歴任。

金子翔拓
（運動）

北海道文教大学医療保健科学部 教授、作業療法学科長、
リハビリテーション学科作業療法学 専攻長

2006年作業療法士免許取得。札幌東徳洲会病院、篠路整形外科勤務（事務長、リハビリ室長）、2012年より北海道文教大学作業療法学科講師を務め、2014年札幌医科大学大学院博士課程後期了（作業療法学博士）。2022年より、同教授、学科長に就任。

早坂信哉
（入浴）

東京都市大学人間科学部 教授、医学博士、
温泉専門療法医、日本入浴協会 理事

自治医科大学大学院医学研究科修了。浜松医科大学准教授、大東文化大学教授などを経て、現在、東京都市大学人間科学部教授。日本入浴協会理事、一般社団法人日本健康開発財団温泉医科学研究所所長として、生活習慣としての入浴を医学的に研究する第一人者。テレビ、講演などで幅広く活躍中。

石川泰弘
（睡眠・入浴）

日本薬科大学医療ビジネス薬科学科スポーツ薬学コース 特任教授、
順天堂大学スポーツ健康科学研究科 協力研究員

株式会社ツムラ、ツムラ化粧品株式会社、株式会社バスクリン、大塚製薬株式会社を経て、現職。トップアスリートをはじめ多くの人に入浴や睡眠、温泉を活用した疲労回復や美容に関する講演を実施。書籍の執筆も行う。「お風呂教授」としてテレビや雑誌、ラジオへの出演も多数。

佐藤佳代子
（表情筋・リンパ）

さとうリンパ浮腫研究所 代表

20代前半にドイツ留学。リンパ静脈疾患専門病院Földiklinikにおいてリンパ浮腫治療および専門教育について学び、日本人初のフェルディ式「複合的理学療法」認定教師資格を取得。日々、リンパ浮腫治療を中心に、医療機器の研究開発、治療法の普及、医療職セラピストおよび指導者の育成、医療機関や看護協会等の教育機関において技術指導、技術支援などに取り組む。

折橋梢恵
（表情筋・ツボ）

一般社団法人美容鍼灸技能教育研究協会 代表理事、
美容鍼灸の会美真会 会長

はり師・きゅう師、鍼灸教員資格、日本エステティック協会認定エステティシャン、コスメコンシェルジュ®インストラクター。鍼灸とエステティックを融合した総合美容鍼灸の第一人者。白金鍼灸サロンフューム 代表、日本医学柔整鍼灸専門学校および神奈川衛生学園専門学校非常勤講師。執筆、講演など多数。

1級監修

村田孝子
（歴史）

江戸・東京博物館 外部評価委員、
前ポーラ文化研究所化粧文化チーム シニア研究員

青山学院大学文学部教育学科卒業。ポーラ文化研究所入所。主に日本と西洋の化粧史・結髪史を調査し、セミナー講演、展覧会、著作などで発表。鎌倉早見芸術学院、戸板女子短期大学ともに非常勤講師として美容文化を教える。ビューティサイエンス学会理事長。2005年〜2006年、国立歴史民俗博物館・近世リニューアル委員や2014年〜江戸・東京博物館外部評価委員も務める。

内藤昇
（化粧品原料）

公益財団法人コーセーコスメトロジー研究財団 評議委員

1977年株式会社コーセー入社、研究所配属。2007年執行役員研究所長、2009年取締役研究所長、2014年常務取締役研究所長、2018年役員退任、2020年退職、現在化粧品関連会社の技術顧問を務める。化粧品製剤開発、コロイド界面化学、リポソームが専門分野。"リポソーム化粧品の生みの親"。日本化学会、日本化粧品工業連合会、日本化粧品技術者会などの役職を歴任。一般社団法人化粧品成分検定協会理事を務める。

坂本一民
（界面活性剤）

東京理科大学 客員教授、
元千葉科学大学薬学部生命薬科学科 教授

理学博士（東北大学）。味の素株式会社・株式会社資生堂・株式会社成和化成を経て、千葉科学大学薬学部教授として製剤/化粧品科学研究室創設。界面科学・皮膚科学に関する研究論文・講演多数。第39回日本油化学会学会賞受賞、日本化学会フェロー、横浜国立大学・信州大学・東京理科大学客員教授、東北薬科大学・首都大学東京非常勤講師などを歴任。ISO/TC91（Surface active agents）議長、IFSCC Magazine Co-Editor。

浅賀良雄
（微生物分野）

元日本化粧品工業連合会 微生物専門委員長

株式会社資生堂にて微生物試験、防腐剤の効果試験などに従事。安全性・分析センター微生物研究室長などを歴任。第9回IFSCC（国際化粧品技術者会）にて防腐剤研究で名誉賞受賞。1997年～2006年日本化粧品工業連合会微生物専門委員長、2000年～2006年ISO/TC217（化粧品）の日本代表委員を務めた。株式会社資生堂退職後も微生物技術アドバイザーとして、多くの企業、技術者に指導を行っている。

宮下忠芳
（スペシャルケア・男性化粧品）

東京農業大学農生命科学研究所 客員教授、生物産業学 博士、一般社団法人食香粧研究会 副会長

信州大学繊維学部を卒業。株式会社コーセー化粧品研究所、株式会社シムライズ（旧ドラゴコ）香港の日本支社各員を経て、株式会社クリエーションアルコス代表取締役、株式会社ディーエイチシー主席顧問などを歴任する。現在は株式会社シンビケン代表取締役CEO、株式会社ビープロテック代表取締役CEOや東京農業大学食香粧研究会副理事長も務める。文科省後援健康管理能力検定1級を取得するなど健康管理士一級指導員でもある。

髙栁勇生
（石けん）

株式会社ペリカン石鹸品質保証部 部長

東京都立大学理学部化学科卒業。株式会社資生堂に入社。主に化粧石鹸やトイレタリー製品の技術開発に従事。1994年から3年間、石鹸用原料開発のためインドネシア（スマトラ州）の脂肪酸会社に駐在。帰国後、資生堂久喜工場長、資生堂鎌倉工場長を経て定年後に、現職。石鹸技術に40年以上関わっている。

友松公樹
（ボディケア化粧品）

ライオン株式会社研究開発本部（中国）グループマネージャー

制汗デオドラント剤の基礎研究から国内外向けの処方開発、スケールアップ検討だけでなく、生活者研究、特許出願や執筆など幅広い業務に従事。近年は中国に駐在、上海の研究新会社の立ち上げに参画し、オーラルケア分野を中心に中国市場向けの製品および価値開発マネジメントを行っている。

辻野義雄
（毛髪科学・ヘアケア化粧品）

神戸大学大学院科学技術イノベーション研究科 特命教授、理学博士

神戸大学大学院自然科学研究科にて博士号（理学）を取得。老舗の頭髪化粧品メーカーや外資系化粧品メーカーなど多くの研究所の責任者として、頭髪化粧品を中心に広く化粧品分野の基礎研究や商品開発に従事。その後、大学に移り、薬学や農学（食品科学系）、経営学で教授を務めながら、産総研や東京都の研究所のアドバイザー、国内外の化粧品関連企業の取締役やコンサルタントを務める。現在は神戸大学大学院科学技術イノベーション研究科にてイノベーティブ・コスメトロジー共同研究講座を開設し、化粧品開発の基礎から社会実装までの研究と、幅広く対応できる人材の育成に取り組んでいる。

高林久美子
（毛髪科学・ヘアケア化粧品）

東京医薬看護専門学校化粧品総合学科 講師

化粧品処方アドバイザー。ルピナスラボ株式会社 代表取締役。トイレタリー会社、化粧品会社にて基礎研究、商品開発に従事。その後、専門学校にて化粧品関連科目（主に実習科目）を担当。ルピナスラボ株式会社を設立。ほかに白鷗大学、放送大学、東京バイオテクノロジー専門学校非常勤講師。

荻原毅
（メイクアップ化粧品）

メイクアップ化粧品　処方開発者

青山学院大学理工学部卒業。大手化粧品会社で製品開発、基礎研究、品質保証に従事。2011年早期退職し化粧品開発コンサルタントとして独立。2012年ルートレプロジェクトを設立し、CEOとして経営・開発コンサルティング、エキストラバージンオリーブオイルの輸入販売およびその健康増進効果の研究を行っている。

鈴木高広
（ベースメイクアップ化粧品）

近畿大学生物理工学部 教授

名古屋大学農学博士（食品工業化学専攻）、マサチューセッツ工科大学、通産省工業技術院、英国王立医科大学院、東京理科大学を経て、2000年から合成マイカの開発に従事。2004年に世界最大手の化粧品会社に移り、ファンデーション技術開発リーダーとしてブランド力と中国・東南アジア市場を拡大。2010年より現職。多様な経験と知識と視点をもち、肌を美しく彩る製品開発に技術力で挑戦する。

日比博久
（メイクアップ化粧品）

メイクアップ化粧品　処方開発者

株式会社日本色材工業研究所研究開発部で30年間、主にメイクアップ化粧品の研究開発と生産技術開発に従事。開発した製品は1,000品以上、国内、海外大手をはじめとする化粧品メーカーから数多くのヒット商品を生み出す。すべての人が美しくなるためにできることを「モノづくり」だけでなく、常に追求している。

木下美穂里
（ネイル化粧品）

NPO法人日本ネイリスト協会 理事

メイクアップ＆ネイルアーティストとして広告・美容・ネイル業界で活躍。数々のブランドのクリエイターとしても活動。現在、ビューティーの名門校「木下ユミ・メークアップ＆ネイル アトリエ」校長。同校の卒業生は13,000人を超える。老舗ネイルサロン「ラ・クローヌ」代表。令和3年度東京都優秀技能者（東京マイスター）知事賞受賞。著書多数。

藤森嶺
（香料）

東京農業大学 客員教授、一般社団法人フレーバー・フレグランス協会 代表理事

早稲田大学卒業、東京教育大学（現・筑波大学）大学院理学研究科修士課程修了、農学博士（北海道大学）。元東京農業大学生物産業学部食香粧化学科教授、東京農業大学オープンカレッジ講師。一般社団法人フレーバー・フレグランス協会代表理事。農芸化学奨励賞（日本農芸化学会、1979年）、業績賞（日本雑草学会、1999年）受賞。

櫻井和俊
（香料）

一般社団法人フレーバー・フレグランス協会業務執行理事、静岡県立静岡がんセンター研究所 非常勤研究員、農学博士

1975年千葉大学工学部卒業。1975年～2017年、高砂香料工業（株）で不斉合成法を用いた新規香料、香粧品用素材および医薬中間体の研究開発に関わった。1989年農学博士（東京大学）。2014年より静岡県立静岡がんセンター研究所非常勤研究員、現在に至る。東京工科大学、東海大学医療技術短期大学、徳島文理大学などで非常勤講師。2020年日本農芸化学会企業研究活動表彰。

MAHO
（フレグランス）

日本調香技術者普及協会 理事、フレグランスアドバイザー

香水の魅力や心に届く香りの感性を伝えるため、メディアやイベント・セミナー、製品ディレクションなど多岐に活動し、日本でのフレグランス文化啓発や市場拡大にも貢献。米国フレグランス財団提携の日本フレグランス協会常任講師。

三谷章雄（オーラル）

愛知学院大学歯学部附属病院 病院長、
日本歯周病学会 常任理事・専門医・指導医、
日本再生医療学会 再生医療認定医、AAP会員

2000年愛知学院大学大学院歯学研究科修了博士（歯学）を取得。2007年グラスゴー大学グラスゴーバイオメディカルリサーチセンターを経て、2014年愛知学院大学歯学部歯周病学講座 教授を務め、2023年からは愛知学院大学歯学部附属病院病院長。

小山悠子（オーラル）

医療法人明悠会サンデンタルクリニック 理事長

日本大学歯学部卒業。医療法人社団明徳会福岡歯科勤務、福岡歯科サンデンタルクリニック院長を経て、2010年独立開業し現職。自然治癒力を生かす歯科統合医療を実践。日本歯科東洋医学会専門医、日本催眠学会副理事長。バイディジタルO-リングテスト学会認定医、国際生命情報科学会評議員、日本統合医療学会認定歯科医師、東京商工会議所新宿支部評議員など。

佐藤久美子（オーガニック）

仏コスミーティングオーガニックコスメ部門 評議員

株式会社SLJ代表取締役。世界の正しいオーガニック由来の化粧品を日本総代理店として輸入販売を行う傍ら、オーガニック製品のセレクトショップ「オーガニックマーケット」を主宰。また2006年より仏コスミーティングの評議員を日本人で唯一務め、オーガニックコスメ市場において海外と日本の橋渡しを担っている。

松永佳世子（安全性・皮膚トラブル）

藤田医科大学 名誉教授、医学博士、一般社団法人SSCI-Net 理事長、
医療法人大朋会刈谷整形外科病院 副院長、
日本皮膚科学会 専門医、日本アレルギー学会 専門医・指導医

1976年名古屋大学医学部卒業。1991年藤田保健衛生大学医学部皮膚科学講師を務め、2000年より同講座教授に就任。2016年同大学アレルギー疾患対策医療学教授、同年より藤田医科大学名誉教授に就任。2024年から現職。専門分野は接触皮膚炎、皮膚アレルギー、化粧品の安全性研究。

逸見敬弘（安全性試験）

株式会社マツモト交商安全性試験部 部長、
日本化粧品工業会安全性部会 委員、管理栄養士

化粧品原料および化粧品製剤の安全性・有用性評価試験などの受託サービスに従事。日本を含む海外のGLP適合試験機関および臨床試験受託機関に委託し、化粧品ほか、医薬部外品、食品、機能性素材など、幅広い分野における安全性の確認から有用性の評価（in vitro試験・ヒト臨床試験）まで、多様なエビデンスを提供している。

岡部美代治（官能評価）

ビューティサイエンティスト

大手化粧品会社にて商品開発、マーケティングなどを担当し2008年に独立。美容コンサルタントとして活動し、商品開発アドバイス、美容教育などを行うほか、講演や女性誌からの取材依頼も多数。化粧品の基礎から製品化までを研究してきた多くの経験をもとに、スキンケアを中心とした美容全般をわかりやすく解説し、正しい美容情報を発信している。

長谷川節子（官能評価）

日本官能評価学会 委員（専門官能評価士）

スキンケアからメイクアップ、ヘアケア、ボディケアまで化粧品全般の使用感や香りを担当。強いブランドづくりには、お客さまに五感で感じていただける満足価値が必須であると考える官能評価専門士。これまでに評価した化粧品は数万を超える。

柳澤里衣（法律）

弁護士（東京弁護士会）

早稲田大学大学院法務研究科修了。その後、弁護士法人丸の内ソレイユ法律事務所に入所し、現在に至る。同事務所の販促・プロモーション・広告法務部門に所属し、化粧品・美容業界などの顧問先企業に対し様々なリーガルサービスを提供する傍ら、離婚や相続等の家族法案件にも取り組んでいる。

稲留万希子（広告表現・ルール）

DCアーキテクト株式会社 取締役、薬事法広告研究所 代表

東京理科大学卒業後、大手医薬品卸会社を経て薬事法広告研究所の設立に参画、副代表を経て代表に就任。数々のサイトや広告物を見てきた経験をもとに、"ルールを正しく理解し、味方につけることで売上につなげるアドバイス"をモットーとし、行政の動向および市場の変化に対応しつつ、薬機法・景表法・健康増進法などに特化した広告コンサルタントとして活動中。メディアへの出演、大型セミナーから企業内の勉強会まで、講演も多数。

矢作彰一（成分表）

株式会社コスモステクニカルセンター 代表取締役社長、生物工学博士

筑波大学大学院修士課程バイオシステム研究科、同生命環境科学研究科博士後期課程修了。2001年株式会社コスモステクニカルセンター機能評価部入社。2002年慶應義塾大学医学部共同研究員に。2015年株式会社コスモステクニカルセンター研究戦略室に在籍し、現在、ニッコールグループ株式会社コスモステクニカルセンター代表取締役社長。

全ジャンルのスペシャリスト　総合監修

伊藤建三

東京理科大学理学部卒業。株式会社資生堂研究所に入社、基礎化粧品、UVケア、ボディケア化粧品、乳化ファンデーション等多岐に渡る製品開発研究に従事。スキンケア研究部長、工場の技術部長、新素材開発の研究所長を歴任。株式会社資生堂を退職後、皮膚臨床薬理研究所において基礎化粧品、ヘアケア商品、香料高配合商品、防腐剤フリー商品、ナノ乳化商品等多岐に渡る製品開発にあたる。安全性ではパッチテスト、有用性ではシワテストを主管しており、業界でも信頼度が高い。また、研究開発のコンサルティング、研究技術指導もおこない幅広く活躍している。

藤岡賢大（全範囲）

日本化粧品検定協会 理事、薬剤師

f・コスメワークス 代表。大手・中堅化粧品企業にて処方開発・品質保証など担当後、外資系企業にて紫外線吸収剤・高分子など化粧品原料の市場開拓・技術営業を担当。40年以上の幅広い業界経験×最新技術情報×グローバル視点で、「人の役に立つこと」をモットーに、化粧品企業の開発・品質・薬事などをマルチサポート。

白野実（全範囲）

化粧品開発コンサルティング、スキンケア化粧品 処方開発者

化粧品の処方開発に23年間、品質保証・薬事業務に3年間従事してきた経験をもとに、こだわりの化粧品をつくりたい人や企業、化粧品開発者の助けとなるべく化粧品開発・技術コンサルティング会社の株式会社ブランノワール、加えて一般社団法人美容科学ラボとの協業体であるコスメル（COSMEL）を設立し活躍中。

中田和人（全範囲）

化粧品開発コンサルティング、技術アドバイザー

大手メーカーにて、安全性や処方開発、企画に23年従事し、商品開発における業務全般に携わる。合同会社コスメティコスを主宰し、化粧品開発コンサルティングを行いながら、日本化粧品検定協会顧問として協会主催の検定対策セミナーも数多く行い、わかりやすい講義に定評がある。正しい知識の普及や若手育成にも取り組んでいる。

CONTENTS

はじめに ……………………………………………… 002
本書の使い方 ………………………………………… 003
日本化粧品検定とは？ ……………………………… 004
最強の監修者のみなさん …………………………… 010

PART 01 化粧の歴史 …………………………… 020
化粧の歴史 …………………………………………… 021

PART 02 化粧品の原料 ……………………… 030
化粧品の原料 ………………………………………… 031

PART 03 化粧品の種類と特徴 ……………… 047

スキンケア化粧品 ………………………………… 048
1. スキンケア化粧品 ……………………………… 049
2. 男性の肌と男性化粧品 ………………………… 073

UVケア化粧品 …………………………………… 076
3. UVケア化粧品 …………………………………… 077

メイクアップ化粧品 ……………………………… 081
4. メイクアップ化粧品 …………………………… 082
5. ベースメイクアップ化粧品 …………………… 085
6. ポイントメイクアップ化粧品 ………………… 098

ボディケア化粧品 ………………………………… 113
7. 身体の皮膚の特徴 ……………………………… 114
8. ボディケア化粧品・ハンドケア化粧品 ……… 116
9. その他のボディケア化粧品 …………………… 122

ヘアケア化粧品 …………………………………… 133
10. 毛髪の構造 ……………………………………… 134
11. ヘアケア化粧品 ………………………………… 144

ネイル化粧品 ……………………………………… 155
12. 爪の構造 ………………………………………… 156
13. ネイル化粧品 …………………………………… 159

フレグランス化粧品 ･･･････････････････････････････ 163
14. 嗅覚のしくみと香料の種類 ･･･････････････････ 164
15. フレグランス化粧品 ･･････････････････････････ 168

オーラルケア製品 ･････････････････････････････････ 175
16. 歯の構造 ･････････････････････････････････････ 176
17. オーラルケア製品 ･･･････････････････････････ 181

サプリメント ･････････････････････････････････････ 186
18. サプリメント ･････････････････････････････････ 187

PART 04 化粧品にまつわるルール ･･･････････････････ 195
1. 化粧品と医薬品医療機器等法 ･･･････････････････ 196
2. 化粧品の定義 ･･･････････････････････････････････ 198
3. 化粧品の広告や PR のためのルール ･････････････ 200
4. 化粧品の表示 ･･･････････････････････････････････ 210
5. 化粧品の品質と安全性を保つために ･････････････ 217
6. 肌トラブルに関する法律 ･･･････････････････････ 228

化粧品と肌トラブル ･･･････････････････････････････ 229
7. 化粧品と肌トラブル ･･･････････････････････････ 230

PART 05 化粧品の官能評価 ･･･････････････････････････ 235
化粧品の官能評価 ･････････････････････････････････ 236

例題にチャレンジ ･････････････････････････････････ 057･151
美にまつわる格言・名言 ･･･････････････････ 151･174･194
1 級の試験問題は、2 級からも必ず出題されます ･･････ 241
スキルアップ・キャリアアップにも役立つ資格 ･･････ 242
索引 ･･･ 248
参考資料・おもな化粧品成分 ･･･････････････････････ 254
参考文献・資料 ･･･････････････････････････････････ 270
おわりに ･･･ 271

19

PART 01

化粧の歴史

そもそも化粧はどこで生まれ、
どんな進化をしてきたのでしょうか。
それらを知れば、化粧をすること、化粧品のことが
もっと楽しくなりそうです。
日本と世界の化粧の歴史をひもといていきます。

一緒に化粧の
変遷をたどろう！

世界と日本の歴史を比較しながら学びましょう

化粧の歴史

世界の化粧の始まり

　世界の化粧の歴史は、約20万年前のヨーロッパを中心に住んでいたネアンデルタール人が、狩猟の儀式の際に、身体にペインティングを施したのが始まりとされています。紀元前3000年頃には、古代エジプトで**日差しや乾燥などの自然環境から肌を保護する**ことに加え、**呪術的な意味合い**をもつ化粧が始まります。

日本の化粧の始まりと広がり

　日本の化粧の始まりは**太古上古**（たいこじょうこ）時代の「**原始化粧**」です。原始化粧は、**自然環境からの肌の保護**や、**魔除けや死者の弔いのための儀式**など信仰的な意味合いをもっていました。中国大陸や朝鮮半島の文化が伝わった**飛鳥・奈良**時代頃には、貴重な舶来品を使うことができた**支配階級の女性の高い地位をあらわすもの**へと移り変わります。**明治**時代には、**欧米の化粧観へと変化**していきました。

太古上古時代	**原始化粧** 男性の入れ墨・赤色化粧	=	呪術的・信仰的化粧、 部族などを あらわす化粧
飛鳥〜江戸時代	**伝統化粧** 白粉（おしろい）、紅化粧、眉化粧・お歯黒（はぐろ）の 白、赤、黒の化粧	=	階級・身分などを あらわす化粧、 美の演出の化粧
明治時代以降	**近・現代化粧** 化粧の欧米化、多様化	=	身だしなみの化粧、 表情や個性を あらわす化粧

01 化粧の歴史

日本の歴史

太古上古時代
太古上古時代は**外国からの影響はほとんど受けず**に、**原始的な赤土粉飾**が行われていました。

飛鳥時代
飛鳥時代になると、大陸文化とともに**シルクロードを通って西洋文化である鏡や香料、紅花**なども日本へ。宮廷女性のお手本も唐の国から伝わった大陸風のものでした。

埴輪に施された古代の化粧
（6世紀頃）

赤土を魔除けとして身体に塗ることで、健康や安全を祈願しました。古墳から発見された人物埴輪は男女ともに、額や頬、首などが赤色で彩られています。

天皇に献上された鉛白粉
（7世紀頃）

692年、大陸から渡って来た僧の観成によって日本で初めて**鉛白粉**がつくられます。女性天皇である持統天皇に献上し、大変喜ばれたとされています。

太古上古（旧石器・縄文・弥生・古墳）（～6世紀頃） ／ **飛鳥**（593年～）

世界の歴史

古代エジプト
紀元前3000年頃の古代エジプトの遺跡からは化粧瓶や手鏡などの化粧道具が数多く発掘され、壁画に化粧をする様子などが描かれています。紀元前2920年頃には、タールや**水銀**でつくられた化粧品が発達し、紀元前1930年頃には**香料**の通商も盛んでした。

ツタンカーメンの香粧品
（紀元前14世紀頃）

香油瓶

玉座には、スキンケアやフレグランスとして使用された香油をツタンカーメンに塗る王妃の姿が描かれています。また、**ツタンカーメンの墓からも、軟こうが入った容器（香油瓶）が見つかっています。**

クレオパトラのアイメイク
（紀元前1世紀頃）

古代エジプト人のメイクといえば、**魔除け**のためといわれる**太く黒いアイライン**。マラカイト（緑色の鉱物）の**アイシャドウは目を日差しや虫、感染症から守るために生まれた**ともいわれています。

奈良時代

奈良時代には絢爛豪華な大唐朝文化の渡来がますます盛んになりました。化粧品としては紅、白粉、朱、香料などが大陸から日本へ入ってきました。

魅せる化粧の始まり
（8世紀中頃）

鳥毛立女屏風という正倉院所蔵の宝物に描かれた女性は、**眉は太く、紅**をさしています。

平安時代～

平安時代には、**日本独自の文化が発達**しました。貴族の住居（寝殿造）は大きくなり、室内に光があまり入らなかったため、薄暗闇の中でも顔が美しく映えるように顔に**白粉**を塗り、白さを強調しました。

白粉と紅
（9世紀頃）

貴族は**水銀**や**鉛**を原料とした白粉を使い、紅は**紅花**からつくられたものが**中心**でした。一方、庶民は鉛を原料とした京白粉、米や粟のでんぷん白粉を使用していました。

貴族を中心に行われたお歯黒と眉そり
（12世紀頃）

お歯黒は、女性は**成人**した印、男性は**忠義**の印で、眉そりは汗をかかない**高い身分**の印でした。武家が実権を握るようになると、上流武士たちにもお歯黒や眉そりが浸透していきました。

奈良（710年～） **平安**（794年～） **鎌倉**（1185年～）

古代ローマ

古代ローマでは色白が美しさの基準で、**入浴**が盛んでした。

古代ローマ人の風呂文化
（紀元前1世紀頃）

古代ローマには**公衆浴場**が点在し、風呂文化が発達。身体の汚れを落とすためにオイルを塗り、動物の骨または金属などでつくられた肌かき器を使用。サウナや風呂を楽しみました。

中国

中国は唐の時代に文化的な黄金期を迎え、宮廷女官が美しく見えるよう化粧技術が発達しました。

楊貴妃のネイル
（8世紀頃）

世界三大美女の**楊貴妃**は、この頃すでに**爪**を装飾し、その赤く長い爪は**ヘナ**（指甲花）で染めていたといわれています。白い肌と細眉も流行していたそうです。

01 化粧の歴史

日本の歴史

江戸時代

江戸時代になると、町人文化が繁栄し一般庶民まで広く化粧をするようになりました。色白が美人の第一条件だったため、鉛白粉が多く使われました。紅は、紅花からつくられたものが主で、色は赤一色でした。

1813年に出版された当時の美容書『都風俗化粧伝』には、化粧法が挿絵つきでわかりやすく解説されており、多くの女性たちが愛読していたといわれています。

日本古来のスキンケアの知恵
（1606年頃）

文献に石けんが登場。当時は現在の石けんと異なり麦の粉を灰汁で固めたものでした。小豆などの粉を入れた洗粉で身体を、ウグイスのフンなどで顔を洗うようになりました。

紅花をコスメに活用
（1691年頃）

紅花からつくられた「口紅」が広く使われるようになりました。赤いホウセンカとカタバミを混ぜ、爪に塗る「爪紅」も登場。日本のネイルの始まりです。

一般女性にも広がったお歯黒と眉そり
（1804年頃）

お歯黒や眉そりが、女性の化粧として一般庶民にも広がりました。黒という色は不変で貞女の印とされたことから、お歯黒は既婚女性の象徴へと変化しました。また眉そりは、子供が生まれた印になり、男性では天皇や公家だけに。

室町・戦国（1338年～）　　**安土桃山**（1573年～）　　**江戸**（1603年～）

世界の歴史

香水やつけぼくろが流行
（1533年頃）

現在の香水やオードトワレのようなものが初めてつくられたのがこの頃。初めはイタリア・スペインを中心に流行し、後に欧州に広がりました。中世ヨーロッパでは色白の肌が美女の条件とされ、それを引き立たせるためにつけぼくろが流行し始めました。

マルセイユ石けんのブランド確立
（1688年頃）

フランス国王ルイ14世がマルセイユ石けんの製造に厳しい基準を設けました。オリーブ油以外の使用を禁止。その高い品質から「王家の石けん」とよばれ、上流階級の間で流行しました。

明治時代

明治維新以降、西洋の文化が積極的に取り入れられました。お歯黒と眉そりが外国人の目に奇異に映ったこともあり、1870年の太政官布告で禁止令が出され、華族をはじめ、一般の人たちもやめるようになりました。

肌なじみのよい色つき白粉も輸入され、それまでの白のみの白粉、お歯黒や眉そりなどの伝統的な美意識から、本来持っている美しさや健康的な美といった現代につながる美意識へと大きく変化しました。

お歯黒・眉そりが禁止！
（1870年頃）

お歯黒と眉そりが禁止に。1873年頃に当時の皇太后がお歯黒をおやめになったことで、急激に衰退していきました。

安全な白粉の開発
（1904年頃）

身体にとって有害な鉛を使わない良質な白粉が伊東胡蝶園（後のパピリオ）から発売され、安全な化粧品として注目を集めました。

明治（1868年〜）

労働者たちが見つけた軟こう（ワセリン）
（1859年頃）

石油採掘機に付着するワックス（ロッドワックス）を石油採掘者の切り傷や擦り傷などに塗ると傷の治癒が早かったため、治療に使用。アメリカの化学者がそれを精製し、1870年にヴァセリン（ワセリン中心の軟こう）が誕生しました。

リップスティックの始まり
（1870年頃）

フランスのゲランがミツロウなどを固め、現在のリップスティックの原型をつくりました。

パーマの始まり
（1905年頃）

ドイツのチャールズ・ネッスラーがホウ砂と高熱によって髪にウェーブをつける「ネッスルウェーブ」を発明。1920年代にはアメリカで流行しました。

01 化粧の歴史

日本の歴史

大正時代

大正時代には**女性の社会進出**が始まり、女性の日常着が**和服から洋服へ**と変わりました。ヘアスタイルは日本髪ではなく「耳かくし」といわれる洋髪が流行し、化粧もバニシングクリームや**多色になった白粉**などが使われるようになりました。

今でも愛される**ヘチマコロン**の誕生
（1915年頃）

「**ヘチマコロン**」が発売。天然植物系スキンケア商品の元祖であり、化粧水の代名詞となりました。画家・竹久夢二の美人画のパッケージも有名です。

七色粉白粉発売
（1917年頃）

「白」「黄」「肉黄」「ばら」「ぼたん」「緑」「紫」全7色の白粉を肌の色に合わせて組み合わせる資生堂の商品です。

大正（1912年〜）

世界の歴史

ファンデーションもバラエティ豊かに
（1914年頃）

マックスファクターから**チューブ入りの化粧下地グリースペイント**やケーキタイプの**ファンデーション**が発売。女優たちにも人気の商品で、その後自然な肌の色に合ったファンデーションが開発されていきます。

コンパクトが女性たちの手に
（1920年頃）

パウダーチークやフェイスパウダーを持ち運ぶためのコンパクトが、ヨーロッパの**上流階級を中心に普及**し始めました。その後一般にも広がり、日本でも大正末期から登場しました。

昭和時代

昭和に入ると、**メイクアップの大衆化が盛ん**になります。1940年に軍国主義が強化され化粧品が贅沢品だと規制されるまでは、**新しい乳化技術を使った**資生堂「ホルモリン」をはじめ、現在まで続くヒット商品も生まれました。

スキンケア商品 乳化技術の進化
（1934年頃）

資生堂から**W/O型 乳化クリーム**「**ホルモリン**」が発売。女性ホルモンを配合し、肌の若返り効果が期待され多くの女性が注目しました。

日本初のマスカラ誕生
（1937年頃）

ハリウッド美容室から**日本初のマスカラ**が発売。美容家のメイ牛山さんが、ワセリンと石炭粉からできたアメリカのマスカラを日本人向けに改良しました。

ベースメイクに革命
（1947年頃）

戦後間もなく、**日本初のクリームファンデーション**がピカソ化粧品から発売されました。従来の白粉にはない伸びのよさなどから、ベースメイクの定番となっていきます。

昭和（1926年～）

リップグロスの登場
（1932年頃）

マックスファクターから映画女優向けに**リップポマード**が登場。白黒映画の中で唇の立体感や光沢感を表現するために使用されていました。

> 今のコスメに近くなってきたね！

27

01 化粧の歴史

日本の歴史

昭和時代

1960年代にはテレビのカラー放送が始まったことにより、**アイシャドウ**や**マスカラ**といった**アイメイク**が流行。一方で、化粧品による皮膚トラブルを背景に、化粧品の安全性に関する研究が進みました。

現在のシャンプーの原点
（1955年頃）

従来の**石けん**シャンプーから**中性洗浄料**（高級アルコール系の界面活性剤を使ったもの）へ移行し始めます。その中でも、「花王フェザーシャンプー」は「5日に1度はシャンプーを」の広告キャッチが注目を集め、人気商品となりました。

化粧品による皮膚トラブル
（1977年頃）

メイクアップ化粧品の使用により、こめかみや頬などに黒褐色の色素沈着を起こす症状が多発し、裁判も起こりました。「**黒皮症事件**」とよばれ、赤色219号および黄色204号の不純物であるスダンIが原因でした。これをきっかけに、**当時の厚生省が商品への表示指定成分の明記を義務づけました。**

昭和（1926年〜）

世界の歴史

日焼け止め化粧品の登場
（1944年頃）

白人兵士のための日焼け防止技術を生かし、**コパトーン**から初の日焼け止めが発売されました。これをきっかけに**日焼け予防**が始まりました。

コスメの歴史っておもしろいよね！

28

平成時代

1985年、男女雇用機会均等法の制定により、**女性の社会進出がより一層盛ん**になったため、女性が化粧をして出かける場が増えました。また、この頃に**紫外線の肌への悪影響**が注目されたことから、それまでの日焼けした小麦色肌ブームから白い肌へとトレンドが移り変わり、**美白化粧品**の開発も活発になりました。化粧品の研究は**安全性から保湿やシミ、シワなどの基礎研究が中心**に。次々に新しい美容成分が開発され、化粧品業界の長年の夢であった**シワ改善**の薬用化粧品も発売されました。

美白化粧品の開発が盛んに
（1990年頃）

1983年に**リン酸L-アスコルビルMg**が「美白」の医薬部外品として承認されたことをきっかけに、約10年の間にコウジ酸、アルブチン、アスコルビルグルコシド、トラネキサム酸など**16種類**もの美白有効成分が承認されました。

落ちない口紅の需要増加
（1992年頃）

1990年代に入り、**女性の社会進出が急速に進んだ**ことで、オフィスで頻繁にメイク直しをしなくてもよいと「**落ちない口紅**」が大ヒットしました。

日本初の「**シワ改善**」医薬部外品が誕生
（2016年頃）

ポーラがニールワンを配合した医薬部外品で、「**シワを改善する**」という効能効果の承認を日本で初めて取得しました。これ以降、「**シワ改善**」の医薬部外品が次々に発売されました。

平成（1989年～）　　　　　　　　　　　　　**令和**（2019年～）

オーガニック認証の始まり
（2002年頃）

2002年、**フランス**の認証団体「**エコサート**」がコスメの**オーガニック認証**を開始。その後2010年には「**コスモス認証**」が誕生し、オーガニックコスメが普及していきました。

EUにおける**動物実験の禁止**
（2013年頃）

動物愛護の観点から、EUにおいて2004年より段階的に規制が強まり、2013年には、**動物実験をした商品の販売が完全に禁止**になりました。この頃、日本でも**動物実験代替法**の研究が盛んに行われ始めました。

持続可能な開発目標（SDGs）採択
（2015年頃）

国連総会で持続可能な開発目標（**SDGs**）が採択され、化粧品業界でもさまざまな取り組みが実施されるようになりました。

PART 02

化粧品の原料

毎日お手入れで使う化粧品。

それらに含まれる原料がどういうものなのかを、

このパートで詳しく解説します。

化粧品の原料とその基礎知識を身につけましょう。

コスメを
読めるように
なろう！

成分を知って、化粧品の成り立ちを理解する

化粧品の原料

〈 化粧品を構成する成分 〉

　化粧品を構成する成分には、**骨格をつくる基本成分（基剤）**として、水、水に溶ける**水溶性成分**、油の性質をもつ**油性成分**、乳化や洗浄などに使われる**界面活性剤**、色や質感をつくる**色材**などがあります。
　また、**訴求成分**として、化粧品を特徴づける**機能性成分**や**香料**などがあります。さらに、化粧品の**品質保持を目的とした成分**として、**pH調整剤**や**キレート剤**、**酸化防止剤**、**防腐剤**などがあります。このように、いろいろな成分が組み合わさって1つの化粧品ができあがっているのです。

訴求成分
- 機能性成分
- 香料*　　など

*香料は配合目的によっては基剤として配合されることもあります

基本成分（基剤）
- 水
- 水溶性成分
- 油性成分
- 界面活性剤
- 増粘剤
- 皮膜形成剤
- 感触調整剤
- 色材　　など

品質保持を目的とした成分
- pH調整剤
- キレート剤
- 酸化防止剤
- 防腐剤　など

コスメはいろんな成分からできているんだね！

\ 基本成分
（基剤）/

検定 POINT 水溶性成分

02
化粧品の原料

　水溶性成分には、**肌の水分を逃がさないようにする保湿効果（モイスチャー効果）や肌を引き締める効果**、成分を溶かす溶剤としてや、防腐（静菌）効果などさまざまな働きがあります。製品の目的に合わせて、複数の成分が配合されています。

	主目的	成分例（主な由来）
液状	肌を引き締める効果・溶剤	・エタノール（サトウキビまたは石油）
	保湿・防腐助剤（静菌）・溶剤	・BG（石油またはトウモロコシ） ・DPG（石油） ・ペンチレングリコール（サトウキビまたは石油） ・1,2-ヘキサンジオール（石油）
	保湿・感触調整	・グリセリン（油脂または石油） ・メチルグルセス-10（トウモロコシ）
	化粧水やクリームなど、いろいろな化粧品に配合される。肌へのなじみをよくしたり、感触を調整するためにも用いられる	
粉状	保湿・感触調整	・ベタイン（てんさい） ・トレハロース（でんぷんの発酵産物） ・PCA-Na（NMF成分の1つ）（サトウキビ）
	保湿・吸湿・増粘*	・ヒアルロン酸Na（微生物の産生物またはニワトリのトサカ）
	増粘*（安定化・感触調整）	・カルボマー（石油） ・カラギーナン（海藻） ・キサンタンガム（糖類の発酵産物） ・ヒドロキシエチルセルロース（パルプ）
	成分単体では**粉状**だが、化粧品の中では**水に溶けた状態で存在**している	

サトウキビ

トウモロコシ

てんさい

海藻

＊増粘とは、粘度を高めたりとろみを出すなどの感触を調整したりする働きのこと。乳化したものの分離や粉体の沈殿をさせないように安定化させる働きもあります

32

> 基本成分
> （基剤）

検定POINT 油性成分

　油性成分は、**角層に含まれる水分が蒸発することを防いでうるおいを保ち、肌を柔軟にする**（エモリエント効果）目的や、**メイクなどの油性の汚れをなじませて落と**す目的でスキンケア化粧品に配合されます。

　また、メイクアップ化粧品では粉体の成分を分散（均一に散らばせる）したり、つなぎとめたりすることで**肌への伸び広げやすさや付着性を与えます**。ヘアケア化粧品では**髪にツヤやセット性を与える**など、それぞれの目的に合わせて配合されています。

【 液状*1 】

リキッド

・角層の水分量を保つ
・**肌の上でのすべりをよくする**
・メイクなどの**油性の汚れとのなじみをよくする**
・ほかの成分を溶解・分散する

主な由来	成分例（主な由来）
合成	・トリエチルヘキサノイン ・エチルヘキサン酸セチル ・ジメチコン*2 *3 ・シクロペンタシロキサン*2
鉱物	・ミネラルオイル（石油）
天然	・スクワラン（サメまたはオリーブなどの植物、サトウキビの発酵産物） ・ホホバ種子油（ホホバの種子） ・オリーブ果実油（オリーブの果実）

ホホバ種子　オリーブ果実

*1 常温（標準温度20℃）での形状
*2 シリコーンオイルの一種。オイルとは構造が異なるため、オイルには分類されないという考え方もある。そのため、オイルフリーの製品にも配合される場合がある
*3 低重合（分子量が小さい）のものに限る。重合度が高くなる（分子量が大きくなる）と、液状ではなく半固形〜固形になる

33

【 半固形 *1 】

ペースト

- 乳液やクリームでは液状と半固形の油性成分を混ぜ合わせ、**肌なじみや厚みのある使用感にする**
- スキンケアやボディケアはもちろん、メイクアップやヘアケア化粧品にも**エモリエント効果をもたせる**目的で配合する

主な由来	成分例（主な由来）
合成	・ヒドロキシステアリン酸コレステリル ・ラウロイルグルタミン酸ジ（フィトステリル／オクチルドデシル）
鉱物	・ワセリン（石油）
天然	・シア脂（シアの果実） ・ラノリン（羊毛）

羊毛

【 固形 *1 】

ワックス

- リップスティックなど**製品の形状を保つ**
- クリームなどではワックスの配合量を多くすることで硬さを与える、**保護膜をつくる**

主な由来	成分例（主な由来）
合成	・ポリエチレン ・合成ワックス ・セタノール
鉱物	・パラフィン（石油） ・マイクロクリスタリンワックス（石油）
天然	・ミツロウ（ミツバチの巣） ・キャンデリラロウ（キャンデリラ草の茎） ・ステアリン酸（パーム油などの植物油）

ミツバチの巣
キャンデリラ草

*1 常温（標準温度20℃）での形状

> 基本成分（基剤）

検定POINT　界面活性剤

　界面活性剤は、**1つの分子内に油になじみやすい部分（親油基または疎水基）と水になじみやすい部分（親水基または疎油基）の両方をもっています**。この性質を利用して、**洗浄・乳化・可溶化**（溶けない物質を溶けているような状態にすること）・**浸透・分散**（溶けない物質を均一に散らばせること）などの働きがあります。

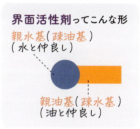

界面活性剤ってこんな形
親水基（疎油基）（水と仲良し）
親油基（疎水基）（油と仲良し）

〈 乳化 〉

　水と油はお互いなじまないため、混ぜてもそのまま置いておくと**2層**に分離してしまいます。**乳化**とは、界面活性剤の作用により、**油または水を細かい粒子にして他方の中に分散させることで**、水と油が分離しないようにしています。ただし、完全に溶解しているわけではありません。

　乳化の状態には、牛乳のように**水の中に油が分散した状態（O/W型）**や、反対にバターのような**油の中に水が分散した状態（W/O型）**があります。

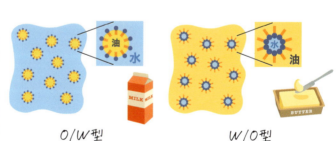

O/W型　　　　W/O型

O/W型とW/O型の見分け方

手の甲などに塗布し、水で洗い流したときの状態を目安にすることができます。水をはじけば、外側に油分があるW/O型、はじかなければO/W型です。

なじむ＝O/W型　　　はじく＝W/O型

《 界面活性剤のタイプと成分例 》

界面活性剤は水に溶けたときの性質の違いにより大きく4タイプに分けられます。

タイプ		主目的（主用途）
イオン型	**アニオン（陰イオン）型** 水に溶けると親水基の部分が**陰イオン（アニオン）**になるもの ―	洗浄、可溶化、乳化助剤（石けん、洗顔料、シャンプーなど）
イオン型	**カチオン（陽イオン）型** 水に溶けると親水基の部分が**陽イオン（カチオン）**になるもの ＋	柔軟、帯電防止（トリートメント、コンディショナー、リンスなど） 殺菌（制汗剤など）
イオン型	**両性イオン（アンホ）型** 水に溶けると親水基の部分がpHにより**陽イオンや陰イオン**になるもの －＋	洗浄（ベビー用や高級シャンプー・トリートメント・コンディショナー・リンスなど） 乳化助剤（乳液、クリーム、美容液など）
非イオン型	**ノニオン（非イオン）型** 水に溶けても**イオン化しない**親水基をもっているもの。ほかの界面活性剤と組み合わせやすい	洗浄助剤、乳化、可溶化（クレンジング料、化粧水、乳液、クリームを中心に多くの与える化粧品に使われる）

界面活性剤の種類を歌って覚えよう！
「ここちゃんと躍る界面活性剤の歌」
http://youtu.be/p5r7exLRnNE

成分の名前の最後、名前の途中につくもの[1]	成分例	皮膚刺激[2]
〜石ケン素地	・石ケン素地 ・カリ石ケン素地	比較的弱い
〜酸Na 〜酸K 〜酸TEA 〜には油性成分である脂肪酸などの名前が入る	・ステアリン酸Na ・ラウリン酸K ・ココイルグルタミン酸TEA	比較的弱い
〜硫酸Na 〜乳酸Na 〜クエン酸Na 〜炭酸Na	・ラウレス硫酸Na	比較的弱い
〜クロリド 〜ブロミド 〜アミン	・ベヘントリモニウムクロリド ・ジステアリルジモニウムクロリド ・ステアルトリモニウムクロリド ・ステアルトリモニウムブロミド ・ステアラミドプロピルジメチルアミン	やや強い
〜ベタイン	・コカミドプロピルベタイン ・ラウラミドプロピルベタイン ・ラウリルベタイン	やや弱い
〜アンホ〜	・ココアンホ酢酸Na ・ラウロアンホ酢酸Na	やや弱い
〜オキシド	・ラウラミンオキシド	やや弱い
〜レシチン	・レシチン ・水添レシチン	やや弱い
〜グリセリル 〜には数字を含むことが多い	・ステアリン酸グリセリル ・トリイソステアリン酸PEG-20グリセリル	弱い
PEG〜水添ヒマシ油	・PEG-60水添ヒマシ油	弱い
〜ソルビタン	・ステアリン酸ソルビタン	弱い
ポリソルベート〜	・ポリソルベート60	弱い

*1 「成分の名前の最後、名前の途中につくもの」はあくまでも一例であり、例示以外のものもあります

*2 皮膚刺激の度合は同じ濃度で比べたときの目安であり、種類や配合量、処方により大きく異なります

> 基本成分（基剤）

増粘剤

増粘剤は**液体にとろみをつけて感触を調整したり、使用性を向上（液垂れを防ぐ）**したりします。また、**乳化を安定化（水と油の分離や粉体の沈殿を抑制）**する働きもあります。主に**多糖類**や**合成ポリマー**（高分子）が使用されます。

ポリマーとは？

小さい分子が鎖のようにつながって大きな分子になったものです。一般的には分子量が万単位、場合によっては百万単位のような大きな分子もあり、**分子がたくさんつながるほど増粘の効果が強く**なります。

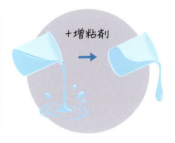
＋増粘剤

主目的		成分例	主用途
水の増粘・ゲル化	多糖類	・キサンタンガム ・カラギーナン	乳液、クリーム、美容液、ジェル、ボディ用洗浄料など
	合成ポリマー	・カルボマー ・ヒドロキシエチルセルロース ・（アクリル酸/アクリル酸アルキル(C10-30)）クロスポリマー ・ポリアクリル酸Na	
油性成分の増粘・ゲル化		・ポリエチレン	クレンジング料、クリーム、リップグロス、マスカラなど
	その他	・パルミチン酸デキストリン	

使いやすさも考えられているんだね

> 基本成分
> （基剤）

皮膜形成剤

皮膜形成剤は**乾燥すると肌、髪または爪の上で皮膜を形成する**成分で、**パック性**の付与、**スタイリング力**の調整、**メイクアップ**の**もち向上**のために配合されます。主に**ポリマー**（**高分子**）が使用されます。

主目的	成分例	主用途
パック性の付与	・ポリビニルアルコール ・PVP	ピールオフパックなど
スタイリング力の調整	・（VP/VA）コポリマー	ヘアスタイリング料など
日焼け止め・メイクアップ化粧品のもち向上	・アクリレーツコポリマー ・アクリル酸アルキルコポリマー	ファンデーション、マスカラ、日焼け止めなど
ネイル皮膜の付与	・ニトロセルロース	カラーエナメルなど

> 基本成分
> （基剤）

感触調整剤

肌の上での伸びや厚みなどの**質感**を調整することによって、**目的とする使用感に調整するための成分**です。例えば、粉状のメイクアップ化粧品には、主に**すべり**をよくするものが、シャンプーには、すすぎ時の**きしみ感**を抑えることを目的に配合されます。

主目的	成分例	主用途
伸びやなめらかさなどの**質感調整**＊	・カラギーナン ・キサンタンガム ・ヒドロキシエチルセルロース	乳液、クリーム、美容液、ジェル、ボディ用洗浄料など
すべり性の向上	・ナイロン ・ポリエチレン ・ラウロイルリシン	パウダーファンデーション、ルースパウダーなど
きしみ防止・保湿感の付与	・ポリクオタニウム-7 ・ポリクオタニウム-10 ・シリコーンオイル（ジメチコン）	シャンプー、トリートメント、ボディ用洗浄料など

＊増粘剤としての働きもあります

基本成分（基剤）

検定 POINT　色材

02
化粧品の原料

色材は主にメイクアップ化粧品に使われている成分です。製品の**色**を**調整**して魅力を増したり、**ツヤ**や**輝き**を**与えたりする**ために配合されます。

分類		主目的	成分例
無機顔料	**体質顔料**	形状を保つ、伸びなどの感触調整、汗や皮脂を吸収する	タルク、マイカ、カオリン、シリカ、炭酸Ca、窒化ホウ素、硫酸Ba、**合成マイカ**［化合成フルオロフロゴパイト］
	白色顔料	隠ぺい力・カバー力などを与える、色のつき具合を調整する	酸化チタン、酸化亜鉛
	着色顔料	色をつける	酸化鉄［部ベンガラ、黄酸化鉄、黒酸化鉄］、グンジョウ
	真珠光沢顔料[*1]（パール剤）	光沢をつける	酸化チタン被覆マイカ[*2]［化酸化チタン、マイカ］、オキシ塩化ビスマス、魚鱗箔、酸化チタン被覆ホウケイ酸（Ca/Al）[*2]［化酸化チタン、ホウケイ酸（Ca/Al）］
有機合成色素（=タール色素）	**有機顔料**	色をつける	赤202、赤226、黄401、青404
	染料	色を染着する	赤213、赤218、赤223、黄4、黄5、青1、HC赤1、HC黄2、HC青2
天然色素		色をつける	β-カロチン、クチナシ青［化加水分解クチナシエキス］、ベニバナ赤、銅クロロフィル、カルミン

クチナシ

ベニバナ

※成分例は、医薬部外品の表示名称を部で、化粧品の表示名称を化で記載しています
＊1 光沢をつける成分として、無機顔料ではありませんがパール剤より粒子が大きく、強い光のラメがあります
＊2 マイカやホウケイ酸（Ca/Al）に酸化チタンをコーティングし積層にした成分です

40

\ 訴求成分 /

検定POINT 機能性成分（美容成分）

機能性成分（美容成分）とは、主に**肌悩みや肌状態を改善するための機能をもち合わせた成分**です。商品を販売する際に優位性をアピールするための訴求成分として配合されることが多いです。

〈 肌悩み別機能性成分の例 〉 医薬部外品の場合

肌悩み	医薬部外品の有効成分例
乾燥	ライスパワー®No.11
肌荒れ	ビタミンE誘導体［部酢酸dl-α-トコフェロール］、グリチルリチン酸ジカリウム、ヘパリン類似物質　など
ニキビ	イソプロピルメチルフェノール、サリチル酸　など
シミ	ビタミンC［部アスコルビン酸］、ビタミンC誘導体［部L-アスコルビン酸2-グルコシドなど］、アルブチン、トラネキサム酸、コウジ酸　など
シワ	純粋レチノール［部レチノール］、ナイアシンアミド、ニールワン®［部三フッ化イソプロピルオキソプロピルアミノカルボニルピロリジンカルボニルメチルプロピルアミノカルボニルベンゾイルアミノ酢酸Na］、VEP-M［部dl-α-トコフェリルリン酸ナトリウムM］、ライスパワー®No.11+

※成分例は、医薬部外品の表示名称を部で、化粧品の表示名称を化で記載しています
※肌悩みに対応する医薬部外品の有効成分は、一部のみ抜粋して掲載しています。すべての成分を確認したい場合は巻末資料をご参照ください
※ライスパワーは勇心酒造株式会社、ニールワンはポーラ化成工業株式会社の登録商標です

幹細胞に着目したコスメって何？

幹細胞そのものではなく幹細胞の培養液や表皮・真皮幹細胞に働きかける成分が配合されたコスメのことで、大きく以下の3つに分けられます。

- ヒト幹細胞（脂肪由来、骨髄由来）を培養した成分を配合したもの
- 植物由来の幹細胞培養液の成分を配合したもの
- 表皮・真皮幹細胞に直接働きかける成分を特徴にしたもの

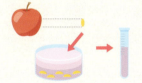

化粧品の場合

肌悩み	成分例
乾燥	グリセリン、BG、ヒアルロン酸Na、水溶性コラーゲン、スクワラン、セラミド[化セラミドNP、セラミドEOPなど]、ワセリン、ポリクオタニウム-51　など ヒアルロン酸Na
肌荒れ	乾燥の成分に加えて、 ビオチン、加水分解酵母[化加水分解酵母エキスなど]、ハトムギ種子エキス　など 酵母
ニキビ	パパイン、リパーゼ、乳酸、レチノール、アゼライン酸、ビタミンC[化アスコルビン酸]、ビタミンC誘導体(APPS[化パルミチン酸アスコルビルリン酸3Na]など)、キハダ樹皮エキス　など キハダ樹皮
シミ	カンゾウ根エキス、豆乳発酵液、マグワ根皮エキスなど 甘草の根茎
シワ	乾燥の成分に加えて、 アルジルリン[化アセチルヘキサペプチド-8]、蛇毒類似物質シンエイク[化ジ酢酸ジペプチドアミノブチロイルベンジルアミド]、レチノール誘導体[化パルミチン酸レチノールなど]　など ペプチド
毛穴	スクラブ[化結晶セルロース、サンゴ末など]、レチノール誘導体、コエンザイムQ10[化ユビキノン]、ビタミンC、ビタミンC誘導体　など スクラブ
くま	カフェイン、ビタミンE誘導体[化酢酸トコフェロールなど]、カプサイシン[化トウガラシ果実エキス]、生姜[化ショウガ根茎エキス]、パルミトイルオリゴペプチド、ビタミンC、ビタミンC誘導体　など トウガラシ　生姜
くすみ	スクラブ[化結晶セルロース、サンゴ末など]、乳酸、パパイン、ヒアルロン酸Na、ドクダミエキス、ビタミンC、ビタミンC誘導体　など ドクダミ
エイジング	**再生** ヒト遺伝子組換オリゴペプチド[化ヒトオリゴペプチド-1など]、幹細胞培養液[化ヒト幹細胞順化培養液など]　など 幹細胞培養液
	抗酸化 ビタミンC、ビタミンC誘導体、ビタミンE誘導体、コエンザイムQ10、アスタキサンチン、α-リポ酸[化チオクト酸]、フラーレン　など アスタキサンチン

※医薬品医療機器等法で、医薬部外品に配合される有効成分以外には、その効果を訴求することができないので注意が必要です

\ 訴求成分 /

香料

香料は、**香りを楽しむことによる心理的効果**や、**付加価値を高める**などの目的で化粧品に配合されます。また、化粧品に配合されている**ほかの成分のにおいや、頭皮やわき臭などの体臭を感じにくくするマスキング**の目的でも使用されます。

《 化粧品への香料の配合 》

化粧品に香りをつける場合、アイテムごとに目安となる最適な香料の配合率（賦香率）が異なります。

アイテム	賦香率
化粧水	0.001～0.05％
クリーム類	0.05～0.2％
ファンデーション	0.05～0.5％
リップカラー	0.03～0.3％
アイカラー	0.01～0.1％
シャンプー・リンス	0.2～0.6％
石けん	1.0～1.5％

> 香料は油に溶けるものが多いから化粧水は微量配合なんだよ。洗い流すものには比較的高濃度もOKなんだね！

無香料と無香の違い　検定POINT

「**無香料**」は「**香料を使用していない**」ということです。無香料と表示されていても、化粧品を構成する成分にはもともとにおいがあるものもあるため、**まったくの香りがない（無香である）とは限りません**ので、注意しましょう。

> \品質保持を／
> \目的とした成分／

pH 調整剤

化粧品の**pH**(ピーエイチ)**を調整する**成分。pH調整剤は化粧品を皮膚と同じ弱酸性にしたり、訴求成分を働きやすい状態にしたり、pHを適切な状態に保つために使用されています。

pHとは？

ある物質の**酸性からアルカリ性までの度合いを示す数値**のことで、0〜14までの数値であらわします。数値が**7**で**中性**となり、それより小さい数値になるほど、酸としての性質がより強くなり、大きくなるとアルカリとしての性質がより強くなります。

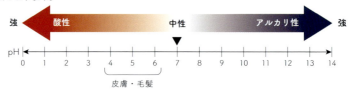

分類	成分例
酸性に傾ける成分	クエン酸、乳酸、リン酸
アルカリ性に傾ける成分	水酸化Na、水酸化K、アルギニン、TEA

> 品質保持を目的とした成分

キレート剤（金属イオン封鎖剤）

　金属イオンによる化粧品の劣化を防ぐ成分。化粧品中に微量の金属イオン（ミネラル）が存在すると、油性成分の酸化などにより品質が劣化したり、化粧品中の成分と結びついて機能を低下させることがあります。キレート剤は金属イオンと強く結合することで、金属イオンの働きを抑える（封鎖する）働きがあります。

キレート剤のイメージ

働きを抑える必要がある金属イオン	品質への影響（例）
鉄イオン（Fe^{2+}）、銅イオン（Cu^{2+}）	油性成分の酸化促進
カルシウムイオン（Ca^{2+}）、マグネシウムイオン（Mg^{2+}）	石けんの泡立ち悪化

成分例	EDTA-2Na、EDTA-4Na、クエン酸、エチドロン酸、酒石酸（しゅせきさん）

キレートとは、ギリシャ語で「カニのはさみ」という意味だよ

> 品質保持を目的とした成分

酸化防止剤

　化粧品に使用される成分、特に油性成分の中には酸化されやすいものもあります。酸化によりにおいや色が変化したり、肌への刺激の原因になることもあります。そのため、化粧品にとって必要な品質を保持する酸化防止剤が必要になります。

成分例	ビタミンE［化 トコフェロール］、β-カロチン、BHA、BHT

酸化のイメージ

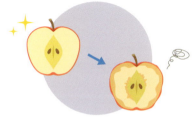

切ったリンゴを置いておくと、酸化により黒く変色する

> 品質保持を
> 目的とした成分

検定POINT 防腐剤

化粧品には**アミノ酸、糖類やエキス類など微生物（カビや細菌など）のエサになりやすい**成分が多く含まれています。もし、**化粧品の中に微生物**が混入して繁殖すると、使用感や色、においが変わるなど**品質低下の原因**になり、**肌トラブルの原因**にもなります。

一般的に化粧品は使用期間が長く、使用中に手指などから微生物が入り込むこともあるため、安定した品質を保つためにも防腐剤が必要なのです。

| 成分例 | メチルパラベン、ブチルパラベン、フェノキシエタノール、デヒドロ酢酸、イソプロピルメチルフェノール |

※化粧品に防腐を目的に配合できる成分は、化粧品基準のポジティブリストにより制限されています

〈 パラベンの種類と抗菌力の差 〉

代表的な防腐剤として**パラベン**があります。パラベンは**種類によって抗菌力が異なり**、抗菌力の高い順に並べると以下のようになります。

ブチルパラベン ＞ プロピルパラベン ＞ エチルパラベン ＞ メチルパラベン

※単独での抗菌（静菌）力の高さ順です
※実際に化粧品に配合したときの抗菌力は、菌が繁殖する水への溶けやすさも関係するため、この通りになるとは限りません

また、「**パラベンフリー**」と書いてあるものを見かけますが、パラベンフリーであっても、**ほかの複数の防腐剤が配合されている**こともあります。

防腐剤の配合量を減らす工夫

防腐剤は、ごくまれに肌に合わない場合もあります。そのため、防腐剤以外に、**弱い抗菌（静菌）作用をもつ保湿剤を防腐助剤として配合**し、防腐剤の配合量を減らしたり、配合しない化粧品もあります。

| 成分例 | BG、DPG、プロパンジオール、1,2-ヘキサンジオール、ペンチレングリコール、エチルヘキシルグリセリン |

※保湿剤ではありませんが、水溶性成分のエタノールも防腐助剤（静菌）として使われることがあります

PART 03

化粧品の種類と特徴

メイクアップ化粧品だけではなく、
スキンケアからヘアケア、ボディケアなども含めると、
毎日の多くの化粧品を使っています。
それぞれのアイテムがどういったものなのかを
知っておくことは大切なことです。
化粧品の種類と特徴はもちろん、その中身、成分まで学ぶことで
最適な化粧品を選べるようになりましょう。

まずは
スキンケア化粧品
から！

スキンケア化粧品

洗顔から保湿まで
基本的なスキンケア化粧品の種類や特徴、
その中身、成分について知り、
毎日のお手入れに最適なアイテムを
取り入れられるようにしましょう。

1

素肌美人に近づくための基本アイテム

スキンケア化粧品

　スキンケア化粧品は大きく分けて、**メイク**や**汚れ**を落として肌を清潔に保つことを目的とする「**落とす化粧品**」と、**水分**や**油分**、**保湿剤**を与えて皮膚のモイスチャーバランスを整えることを目的とした「**与える化粧品**」があります。

目的	アイテム
落とす化粧品　**メイク**や**汚れ**を落とす	クレンジング料（メイク落とし）
	洗顔料
	ピールオフパック／洗い流すパック*
	ピーリング／ゴマージュ・スクラブ
与える化粧品　**水分**、**油分**、**保湿剤**を与える	ブースター（導入美容液など）
	化粧水
	美容液
	乳液
	クリーム、ジェルクリーム
	ジェル
	オイル、バーム
	パック（マスク）
	マッサージ用化粧品

*余分な角質や皮脂、角栓を落とす目的のもの

49

スキンケア化粧品の主な構成成分

検定POINT

スキンケア化粧品は主に**化粧品の骨格をつくる基本成分（基剤）**、**訴求成分**、**品質保持を目的とした成分**で構成されています。

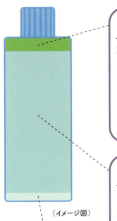

（イメージ図）

訴求成分

製品の魅力を増すことのできる成分のことで、**機能性成分**や**香料**などが含まれる。機能性成分は、肌悩み（乾燥、シミ、シワ、ニキビなど）に対してさまざまな機能をもち合わせた成分で、コラーゲンやセラミド、植物エキスなどがある。香料を訴求することで**付加価値を高める**製品もある

※製品で必ず訴求されるわけではありません

基本成分（基剤）

化粧品の骨格をつくる成分のことで、**水分**や**油分（油性成分）**、**保湿剤**などの**水溶性成分**と、これらを混合するための**界面活性剤**が含まれる

モイスチャーバランスの概念とは？

モイスチャーバランスとは**水分**、**脂質（皮表脂質）**、**NMF（天然保湿因子）**のバランスのこと。季節により変化したり、皮膚の洗浄や加齢に伴って減少するこれらに相当する物質を、化粧品（**水分**、**油分**、**保湿剤**）によって補うことで**皮膚保湿の恒常性を維持する**という考え方を「モイスチャーバランスの概念」といいます。

品質保持を目的とした成分

製品の安定性や安全に使える品質を保つことを目的とした成分のことで、**pH調整剤**、**キレート剤**、**酸化防止剤**や**防腐剤**などがある

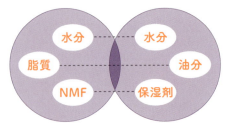

皮膚のモイスチャーバランス　　スキンケア化粧品のモイスチャーバランス

\ 肌を清潔にする /

落とす化粧品

　肌の表面では、**メイクアップ化粧品や皮脂などの油分、汗、ほこり、余分な角質**などの汚れが混ざり合っています。この汚れた状態を放置しておくと、雑菌が繁殖したり、皮脂中の成分の酸化により<u>過酸化脂質</u>がつくられたりして、肌への刺激になることも。メイクアップ化粧品や日焼け止め化粧品を使ったら、その日のうちにクレンジング料でオフし、洗顔料できれいに洗い流しましょう。

クレンジング料と洗顔料が落とすもの

クレンジング料は、主に**メイクアップ化粧品などの洗顔料のみでは落ちにくい油性の汚れ**を中心に落とす

洗顔料は、**汗や余分な皮脂・角質、ほこり、排気ガス**に加え、**肌に残ったクレンジング料**などを落とす

ほこり　　排気ガス

クレンジング料

洗顔料

メイクを落とす クレンジング料

　多くのクレンジングは、油分中心のメイクアップ化粧品を**油性成分**に溶け込ませて落とします。また、油性成分がほとんど含まれない水系のクレンジングは、**界面活性剤**で落とします。ここでは、2タイプの落とすしくみを説明します。

03 化粧品の種類と特徴

スキンケア

〈 クレンジングのしくみ 〉 検定POINT

油性成分で落とす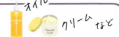

　オイルやクリームなどの多くのクレンジング料は**油性成分**にメイク汚れを溶け込ませて（浮かせて）、その後洗い流したり拭き取ったりして落とします。油性成分中に溶け込んだ（浮いた）汚れを水で洗い流すために、**界面活性剤**も配合されています。

なじませている時

クレンジング料 / 皮脂やメイク汚れ / 汚れが溶けた油性成分

肌

クレンジング料が汚れを包み込む → 油性成分が汚れを浮かせる → 汚れが油性成分に溶け込む

洗い流す時

界面活性剤

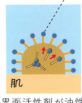 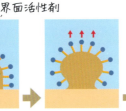

肌

界面活性剤が油性成分にくっつく → 界面活性剤が汚れが溶け込んだ油性成分を取り囲んで、水中に引き出す → 細かくなった汚れは、水中に分散して洗い流される

界面活性剤で落とす

　ローションやジェルなどの水系のクレンジング料には**油性成分がほとんど配合されていない**ため、メイク汚れを**界面活性剤**で落とします。

〈 クレンジング料の種類と特徴 〉

検定 POINT

油性成分や界面活性剤の量や種類を変えることで、クレンジング力の異なるさまざまな製品ができます。クレンジング料の種類とその特徴を学びましょう。

種類別クレンジング力

※成分の配合量やクレンジング力は目安です。製品ごとに異なります
＊拭き取りタイプのローションは、物理的な力（摩擦力）でクレンジング力が高まることがあります

メイクの濃さに合わせてクレンジング料を選ぼう！

必要以上に強いクレンジング力の製品で汚れを落とすと、**肌のバリア機能を担う3つの保湿因子**である**皮脂膜やNMF、細胞間脂質**なども流れ出てしまう可能性があります。自分のメイクの濃さ（落としにくさ）に応じた製品を選びましょう。

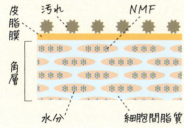
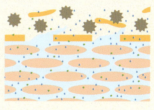

クレンジング料の種類と特徴

タイプ	主な構成成分	種類（形状）	
油性成分で落とす	（訴求成分）／界面活性剤／油性成分（増粘剤など）／水・水溶性成分（保湿剤）	オイル	
		バーム	
		（油系）ジェル	
	（訴求成分）／界面活性剤／油性成分／水・水溶性成分（保湿剤・増粘剤など）	クリーム	
		ミルク（乳液状）	
界面活性剤で落とす	（訴求成分）／界面活性剤／水・水溶性成分（保湿剤・増粘剤など）	（水系）ジェル	
		リキッド（液状）	
		ローション（液状）、シート（不織布含浸タイプ）	

※容器のイラストの配合比率はイメージ図です

03 化粧品の種類と特徴 スキンケア

特徴	油性成分配合比率	界面活性剤配合比率	クレンジング力
液状の油性成分が中心でクレンジング料の中でも最もメイクとなじみやすいタイプ。**主成分の油性成分**に界面活性剤を溶解していて、すすぎ時に**O/W型**に**乳化**して洗い流す	80〜90%	10〜20%	強
油性成分の配合比率はオイルと同じ。液状の油性成分を**ポリエチレンや合成ワックス**などで固めてバームにしている。なじませると肌の上で液状のオイルになる			
主成分が油性成分のジェルだが、オイルやバームと比べると油性成分はやや少なめで、グリセリンなどの水溶性成分を含んでいるものもある。**肌になじませるとジェルがくずれ感触が軽くなるものが多い**	30〜60%		中〜強
O/W型が主流。肌になじませると**W/O型**に変わる（**転相する**）ものが多い。クリームの油分が若干残るため、使用後の感触はしっとり。油性成分の配合量でクレンジング力が変わる		3〜10%	中
クリームより水溶性成分が多く、クレンジング力は弱いが使用後の感触はさっぱり。油性成分の配合量でクレンジング力が変わる	10〜20%	1〜3%	弱〜中
主成分が水溶性成分のジェルで、使用後の感触はさっぱりする。油性成分を少量配合しクレンジング力を高めたものや、水を使わず**グリセリンを多く配合**し使用中に温感を与えるホットジェルもある	0〜20%	3〜10%	中〜強
主成分が水溶性成分で、油性成分を含まないか少ないものが多く、**界面活性剤でメイク汚れを落とす**。油性成分で落とすタイプと比べさっぱりした洗い上がり	0〜5%	5〜15%	弱〜中
保湿効果のある**ノニオン**型界面活性剤や保湿剤が多いためクレンジング力は弱いが、拭き取ることによって**物理的に汚れを落とせるためクレンジング力が上がる。摩擦による肌ダメージには注意**が必要 ローションはコットンなどに含ませて使用する。シートはすでにクレンジング料が不織布に含まれているので使い方が簡単			弱→中 （＋**摩擦力**）

※成分の配合比率やクレンジング力は目安です。製品ごとに異なります

> **検定 POINT**
> ## クレンジングクリームで起こる転相(てんそう)とは？
>
> O/W型またはW/O型の**乳化系が入れ替わること**を「**転相**」といいます。W/O型になるとメイクとなじみやすくなり、O/W型になると洗い流しやすくなります。

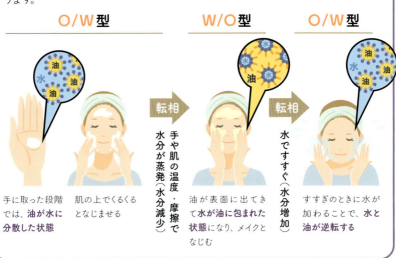

水系ジェルと油系ジェルの見分け方

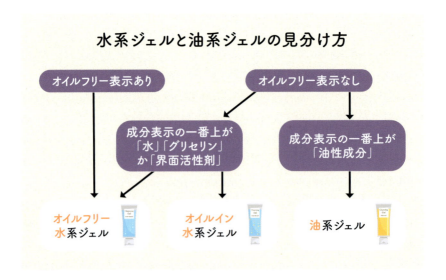

例題にチャレンジ！

Q 次のうち、一般的にクレンジング力が最も強いとされるクレンジング料の種類はどれか。適切なものを選べ。

1. オイル
2. ミルク（乳液状）
3. クリーム
4. ローション（液状）

【解答】1

【解説】油性成分を配合したクレンジング料は、メイク汚れを油に浮かせて落とすため、油性成分が多いほどメイクなじみがよくクレンジング力も強くなる。クレンジング料の中で一般的に最も油性成分が多いのはオイルである。

※あくまでもクレンジング料の種類別の目安であり、実際は製品ごとに異なる場合がある

P54、55で復習！

試験対策は問題集で！
公式サイトで限定販売

スキンケアの基礎の基礎

洗顔料

 朝の洗顔の目的

水洗いでは落とせない、**寝ている間に分泌された汗や油分**（寝ている間に分泌された**皮脂**や前夜のスキンケアの**油分**）、**余分な角質**、**ほこり**などの汚れを洗い流す

 夜の洗顔の目的

軽いメイクや肌に残った**クレンジング料**に加え、朝の洗顔と同じ皮脂や汗、余分な角質、ほこりなどの汚れを洗い流す

03 化粧品の種類と特徴

スキンケア

〈 洗顔のしくみ 〉

洗顔料は**洗浄成分である界面活性剤**で汚れを落とします。

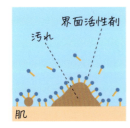
界面活性剤が汚れにくっつく

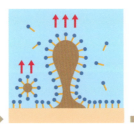
界面活性剤が汚れを取り囲んで、水中に引き出す

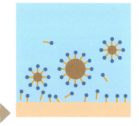
細かくなった汚れは、水に分散して洗い流される

よく泡立てて使いましょう！

洗顔料をよく泡立て泡の粒子が小さくなると、泡と泡のすき間から汚れが吸い上げられる効果が生まれ、**洗浄力が向上します**。また、泡の弾力により手と肌の摩擦が少なくなり**肌への負担が減る**ほか、泡に使われなかった界面活性剤が肌に吸着する量が少なくなることで**肌への刺激も弱くなります**。

泡立ては大事だね！

〈 洗顔料に使われる主な界面活性剤 〉

洗顔料に使われる**界面活性剤は主に石けん系とアミノ酸系の2タイプ**があります。2つを組み合わせ、それぞれのよさを伴せもつ洗顔料もあります。

タイプ	製造方法	特徴	配合された製品のpH
石けん系	**油脂**や**脂肪酸**に**アルカリ**を反応させたもの	さまざまな種類の油脂や脂肪酸が原料として使われるが、**その特性により溶けやすさ、洗浄力、泡の質（泡立ち、泡もち、細かさなど）が異なる**	弱アルカリ性
アミノ酸系	**アミノ酸**に**脂肪酸**と**アルカリ**を反応させたもの	**弱酸性**のものもあり、**洗い上がりがしっとり**するが、**泡立ちや洗浄力は弱め**	弱酸性〜弱アルカリ性

肌は弱酸性なのに弱アルカリ性の石けん系洗顔料を使っても大丈夫？

皮膚はpH4〜6.5前後の弱酸性であるため、スキンケア化粧品のほとんどが弱酸性です。石けん系洗顔料は弱アルカリ性ですが、使用しても**皮膚から分泌される皮脂や汗によって中和され、自然にもとの弱酸性に戻すことができます**（**中和能**）。例えば石けんを使った後、皮膚のpHは**一時的にアルカリ**側に傾きますが、正常な皮膚であれば**30分もたたないうちにもとの状態に戻ります**。
炎症を起こしている皮膚は、**中和能**が衰えておりトラブルを引き起こしやすくなるため、**敏感肌用はアミノ酸系洗顔料が多い**のです。

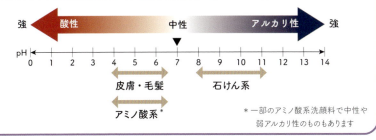

＊一部のアミノ酸系洗顔料で中性や弱アルカリ性のものもあります

石けん系の界面活性剤は、排水として流れても短期間で水と二酸化炭素に分解され環境にやさしい洗浄成分といわれてるよ！
※アミノ酸系の界面活性剤にも、生分解性の高いものがあります。

〈 洗顔料の種類と特徴 〉

タイプ	種類（形状）		洗浄力
泡立てる	石けん（固形状）		中〜強
	フォーム（クリーム・ペースト状）		中〜強
	リキッド、ジェル（液状または粘性液状）		弱〜強
	パウダー（粉状）		中〜強
	フォーム（泡状）		弱〜強
泡立てない	ジェル		弱

主な構成成分

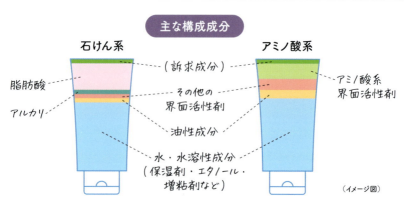

（イメージ図）

特徴	使われる界面活性剤	
	石けん系	アミノ酸系
使われる界面活性剤は石けん系のタイプが多い。洗浄力が強く、使用後につっぱり感が出やすい。枠練り石けんは機械練りの石けんよりも使用後にしっとりしやすい	◎	△
最も一般的な形状。石けん系が多いため泡立ちにすぐれ、手軽に泡立てることができる。クレイ（泥）やスクラブなどさまざまな成分を配合することができる	◎	○
クリーム・ペースト状のフォームより水分を多く含み泡立ちがよい。界面活性剤はアミノ酸系が中心。アミノ酸が使われるとマイルドに、石けん系が使われるとさっぱり洗い上がる	○	◎
水を配合していないため、水に溶かすと徐々に活性が下がってしまうパパイン（タンパク分解酵素）やリパーゼ（脂質分解酵素）など酵素の配合が可能	○	○
エアゾールタイプとポンプフォーマータイプがある。内容物はどちらも液状で、ポンプフォーマーは容器の中で液と空気を一定の割合で混ぜ、細かいメッシュ（網目）を通して押し出すことで、泡となって出てくる構造になっている。泡立てる手間がなく便利	○	◎
泡立てずに肌になじませて洗い流す。朝の洗顔や軽い汚れを落とすために使うことが多い。泡立てるタイプと比べ界面活性剤の量が少なく、ノニオン型界面活性剤がよく使われる。グリセリンを含むものが多いためしっとり洗い上がる	ノニオン型界面活性剤がよく使われる	

※洗浄力は目安です。製品ごとに異なります
※◎、○、△は配合頻度を示すもので、目安です。製品ごとに異なります

洗顔フォームも石けんなの？

「石けん」というと、多くの人は固形の洗浄料をイメージします。しかし、石けんは固形石けんを意味する以外に、アニオン（陰イオン）型界面活性剤の種類をあらわす場合にも使われます。石けん系の界面活性剤は、クリーム・ペースト状の洗顔フォームやボディ用の液体洗浄料などにも多く使われています。

〈 固形石けんの種類と特徴 〉

固形石けんは、まず石ケン素地をつくり、そのあと成型します。石ケン素地をつくる方法として「けん化法」と「中和法」が、成型する方法として「枠練り法」と「機械練り法」があります。

石ケン素地をつくる方法

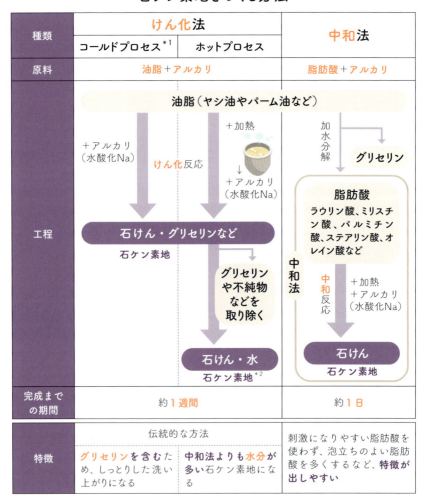

種類	けん化法		中和法
	コールドプロセス*1	ホットプロセス	
原料	油脂＋アルカリ		脂肪酸＋アルカリ
工程	（図参照）		
完成までの期間	約1週間		約1日
特徴	伝統的な方法		刺激になりやすい脂肪酸を使わず、泡立ちのよい脂肪酸を多くするなど、**特徴が出しやすい**
	グリセリンを含むため、しっとりした洗い上がりになる	中和法よりも**水分**が多い石ケン素地になる	

＊1 油脂などの原料を溶かすために、加温することがあります
＊2 グリセリンが含まれる場合もあります

成型する方法

種類	枠練り法	機械練り法
工程	**石ケン素地** +保湿剤（グリセリンやスクロース（砂糖）など） +香料、色素 石ケン素地を枠の中に流し込み、長時間かけて冷やし固める 十分に冷えて固まったら枠から取り出し、切断する。デザイン性を加えたい場合は型打ちする 自然乾燥させて完成！	**石ケン素地** **急速乾燥（主に真空乾燥）しながらチップ状またはペレット状に裁断する** 十分に乾燥した石ケン素地に香料、色素などを加え、ロールでよく練り混ぜる 切断・型打ちする 完成！
完成までの期間	約1〜3ヵ月	約1日

	枠練り法	機械練り法
洗浄成分の割合	洗浄成分：50〜65％ 水・保湿剤など：35〜50％	洗浄成分：80〜90％ 水・保湿剤など：10〜20％
洗浄力	中〜強め	強め ※機械練り法でもさまざまな成分を練り込めるため、アミノ酸系界面活性剤やベントナイト（泥）などの配合で、マイルドな洗浄力になるものもある
洗い上がり	しっとり（機械練りと比べて）	さっぱり
外観	透明〜半透明〜不透明までさまざま ※枠練り法では成型時にエタノールなどを加え熟成すると透明になる。また、酸化チタンや炭などの配合で洗浄力がマイルドなまま、不透明になるものもある	不透明
特徴	保管しているうちに水分が失われ**石けんが変形する**ことがある	十分に乾燥できるため水分の含有量が少なく、**変形しにくい**

\ 肌を整える /

与える化粧品

検定 POINT

洗顔後の肌には、化粧水や乳液、クリームなどで水分と油分、保湿剤を与え、**モイスチャーバランスを整えることが重要**です。また、与える化粧品には保湿力や使用感の違いによって何種類かに分けられているものもあるので、使用感の好みや、肌質、季節による肌状態に合わせて選びましょう。

肌にうるおいを与える 化粧水

水分や保湿剤で肌にうるおいを与えます。

主な構成成分
- 訴求成分
- 水・水溶性成分（保湿剤・エタノールなど）

（イメージ図）

〈 化粧水の種類と特徴 〉

種類	特徴
（柔軟・保湿）化粧水	一般的に化粧水とよばれるものにはこのタイプが多い。**角層に水分・保湿剤を与え、みずみずしくなめらかで**、うるおいのある肌を保つ効果がある。美白、抗シワ、ニキビ予防などの訴求成分を配合したものもある
収れん化粧水	角層に水分や保湿剤を与えるだけでなく、**収れん作用（毛穴の引き締め）や皮脂分泌抑制作用**をもつもの。エタノールの配合量が多いためさっぱりとした使用感のものが多く、**皮脂分泌を抑制し化粧くずれを防ぐ**効果がある。脂性肌の方やTゾーンなどへの部分使いがおすすめ
ふき取り化粧水	クレンジングなどでメイク汚れを落とした後、**肌に残った油分のふき取りや軽いメイク**を落とすために使用するもの。そのため、**界面活性剤やエタノールを含む**ものが多い。また、**余分な角質**を取るためにも使用する

伸ばしてすぐにサラッとするのは、肌に浸透したから？

化粧水には**浸透力を高める工夫**により、塗ってすぐにサラッとした仕上がりになるものがあります。一方、**エタノールが揮発**することで実際には浸透していなくても塗布後すぐにサラッと感じるものもあります。**サラッと感じる＝浸透力が高いわけではありません。**

使い心地だけじゃ効果はわからないよ！

〈 化粧水のつけ方 〉

手でつける場合とコットンでつける場合とそれぞれのメリット、デメリットを理解して、自分に合った方法を選びましょう。

	手	コットン
メリット	●**肌への刺激が少なく**、手のぬくもりで浸透効果を高めることも可能 ●化粧水の使用量がコットンに比べて**少ない**	●**肌表面を整えながら塗布する**ことができるので、浸透しやすく**均一**に伸ばしやすい
デメリット	●均一につきにくい	●強くこすりすぎると、摩擦によって**肌が刺激を受けること**がある ●化粧水の使用量が手に比べて多くなる
注意点	●**清潔な手**でつける ●**目元・口元**は力を入れない	●肌との間に摩擦が起こらないように、たっぷりと**液を浸みこませて**使う ●肌をこすらないようにする

肌に水分と油分をバランスよく与える 乳液

化粧水とクリームの中間的な性質をもつもので、肌に**水分と油分をバランスよく与えます**。**クリームと比較して油性成分よりも水溶性成分が多く配合されている**ため、軽やかでみずみずしい使用感。

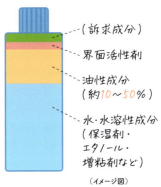

主な構成成分
- （訴求成分）
- 界面活性剤
- 油性成分（約10〜50％）
- 水・水溶性成分（保湿剤・エタノール・増粘剤など）

（イメージ図）

肌のうるおいをキープ クリーム

主な構成成分は乳液と似ていますが、**乳液と比較して油性成分が多く**、化粧水などで**与えたうるおいを保つ効果**が高いです。

乳液やクリームには日中用や夜用のものがあり、**日中用には紫外線カット剤が配合されている場合があるよ**

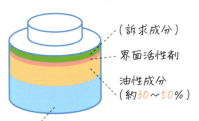

主な構成成分
- （訴求成分）
- 界面活性剤
- 油性成分（約30〜50％）
- 水・水溶性成分（保湿剤・エタノール・増粘剤など）

（イメージ図）

みずみずしい見た目で人気もの （水系）ジェル

透明〜半透明のみずみずしい感触のジェル。油性成分を含まず、**水分を多量に含んでいる**ため、肌への水分補給、保湿効果、清涼効果があります。夏向けや**脂性**肌用、**男性用**の製品に多いです。

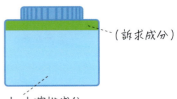

主な構成成分
- （訴求成分）
- 水・水溶性成分（保湿剤・エタノール・増粘剤など）

（イメージ図）

ジェルクリーム
みずみずしいクリーム

半透明〜不透明のジェル状のクリーム。ジェルのみずみずしい感触がありながら、同時に**少量の油性成分**によるうるおいを保つ効果もあります。**オールインワンジェル**に多いです。

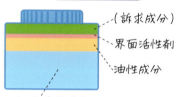

主な構成成分
- （訴求成分）
- 界面活性剤
- 油性成分
- 水・水溶性成分（保湿剤・エタノール・増粘剤など）

（イメージ図）

オイル、バーム
柔軟性を高めうるおいキープ

オイルは液状、バームは液状のオイルに**合成ワックス**や**ポリエチレン**などを配合して固めた固形状のもの。**油性成分**を中心につくられたもので親油性の肌になじみやすく、**肌を柔軟にする効果**があります。また、**水分が蒸発することを防いでうるおいを保ち**、肌にツヤを与えることもできます。ベタつきをおさえるために、**揮発性のシリコーンオイルが配合される**こともあります。

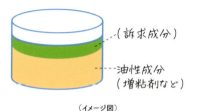

主な構成成分
- （訴求成分）
- 油性成分（増粘剤など）

（イメージ図）

与える化粧品の処方系まとめ

処方系	アイテム	特徴
水系	・化粧水 ・(水系)ジェル	水溶性成分を中心につくられたもの
O/W型乳化系	・水分が多いクリームや乳液 ・ジェルクリーム	水溶性成分の中に油性成分が粒子になって分散したもの
W/O型乳化系	・油分が多いクリームや乳液	油性成分の中に水溶性成分が粒子になって分散したもの
油系	・オイル ・バーム	油性成分を中心につくられたもの

水溶性成分が多い ↕ 油性成分が多い

67

一般的な乳液・クリームのつくり方

乳液・クリームなど「乳化」が必要な製品の製造方法について、その一例を簡単にご紹介します。

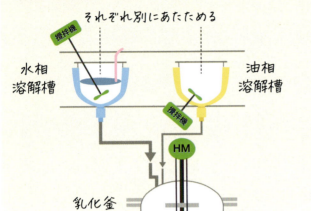

それぞれ別にあたためる

水相溶解槽 / 油相溶解槽 / 攪拌機 / 乳化釜

脱気とともにあたためながら、ホモミキサーとパドルミキサーで乳化する

↓

さらに空気を抜いて真空にする（脱気）

↓

パドルミキサーで混ぜながら室温近くまで冷却する

↓

網状のフィルター（メッシュ）でろ過する

↓

物性検査や菌検査

↓

貯蔵

↓

充てん
（メッシュでろ過してから充てんする場合もある）

↓

出荷前検査

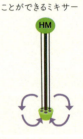

ホモミキサー
高速で乳化・分散することができるミキサー

パドルミキサー
釜の内側をかき取るようにして混ぜ合わせるミキサー

---

03 化粧品の種類と特徴 / スキンケア

\ 肌の /
\ お助けアイテム /

スペシャルケア

　スキンケアの基本ステップに加えて、さまざまな肌悩みに合わせて目的を絞った化粧品を使う「スペシャルケア」。より肌の調子を整えるための化粧品について、その目的と使用方法を知りましょう。

目的別の肌悩みに
合わせて選んで

美容液

効能・効果に特化させた化粧品で、水系でとろみのある液状のものもあれば、乳液状、クリーム状、ジェル状、オイル状、2層タイプのものもあります。

どんな時に使う？

洗顔後、化粧水の後に使うのが一般的ですが、導入美容液はスキンケアの最初に使うなど製品により異なります。

美容液の分類

肌悩み別美容液	
	保湿美容液
	肌荒れ防止美容液
	毛穴ケア（収れん）美容液
	ニキビ予防美容液
	美白美容液
	ハリ・弾力美容液

用途別美容液	
	導入美容液
	化粧下地タイプ美容液
	紫外線カットタイプ美容液

部位別美容液	
	目元用美容液
	首用美容液
	スポット用美容液

※美容液に配合される機能性成分については本書P41・42参照

美容液が最も効果が高い？

　美容液はその名称から高い効果を感じさせ、機能性成分が多く入っているイメージがありますが、**美容液の定義として、機能性成分の配合量や種類（形状）などの規定があるわけではなく**、化粧品に表示される「美容液」という**種類別名称は、メーカーが自由に選ぶことができます**。そのため、あるメーカーの美容液より、ほかのメーカーの化粧水や乳液の方が機能性成分がたくさん配合されている場合もあるのです。

ブースター（導入美容液、導入化粧水など）

化粧品の浸透を高める

ブースターは英語の「booster（後押しする）」という意味で、**多くの製品は化粧水の前**に使い、その後のスキンケア化粧品の**浸透を高める**（後押しする）ことが期待できます。角層を**やわらかく**したり、**余分な角質**を取り除いたり、配合成分の作用により**浸透を高める**ものなどがあります。

どんな時に使う？

化粧水や美容液などの**効果を高めたいとき**などに、**洗顔後、化粧水の前**に使うのが一般的。

パック（マスク）

密閉効果でうるおう

パックをすると、パックに含まれる水分や保湿剤、油性成分による効果に加え、**パックの密閉効果によって、肌がうるおいやわらかくなる**ため、角層の深くまで成分が浸透しやすくなります。

タイプ	特徴
シート	化粧水や美容液などを**不織布**や**ハイドロゲル**、**バイオセルロース**に含ませたもの。密閉効果により機能性成分の浸透を高め、**さまざまな肌悩み**に対応したものがある
拭き取りまたは洗い流し	肌に塗って乾かない程度に数分置き、拭き取ったりぬるま湯で洗い流す。**保湿や配合成分による美肌効果が得られる**もの、炭やクレイ（泥）、ピーリング成分を配合して、**毛穴の詰まりや余分な角質**を取り除くものがある クリームやジェル、ペースト、泡を噴出するエアゾールなどさまざまな種類（形状）がある
ピールオフ	乾燥して皮膜をつくるジェル状のパックで、肌に塗り一定時間置いて膜が乾燥したらゆっくりとはがす。**毛穴の詰まりや余分な角質**を取り除くことや、**保湿**効果も期待できる。シート状で乾燥後にはがす鼻用のものもある

どんな時に使う？

保湿を目的としたシートタイプや洗い流すタイプは、**毎日行ってもよい**ものもあります。ピールオフタイプは角質を取り除く作用があるため、**ジェル状のものは週に2〜3回、鼻用のはがすタイプのものは週に1回程度**がよいでしょう。

すべりを
よくする
マッサージ用化粧品

マッサージには血液やリンパの流れを促し、肌の代謝を高めて機能を向上させる働きがあります。マッサージ用化粧品を使うことで、**肌への過度な摩擦を防ぎながら負担なくマッサージができます。油性成分**を多く配合し比較的長時間すべりを維持**できる**クリームやオイルのほか、**増粘剤**により厚みをもたせたジェルなどがあります。

どんな時に使う？

肌が疲れて血色が悪くなってきた、むくんでいる、など**代謝が悪いとき**に使用するとよいでしょう。肌のハリ・弾力維持のため、**定期的に取り入れる**と効果的です。

くすみやざらつき
をケアする
角質ケア化粧品

角質が残ったままになると角層が厚くなり、くすみやザラつき、ゴワつきによる化粧のりの低下、ニキビなどの原因になります。**余分な角質を角質ケア化粧品でやさしく取り除くのが効果的**です。

〈 ゴマージュ・スクラブ 〉

物理的に取り除く

ゴマージュやスクラブは、配合された粉末や粒子により肌の表面をこすることで**物理的に余分な角質を取り除きます**。洗顔料やジェルなどの製品があり、使用後に洗い流すのが一般的です。

種類	特徴
塩（ソルト）、植物種子	粒子がかためで、しっかり取り除く
砂糖（シュガー）、こんにゃく	粒子がやわらかく、やさしく取り除く
炭、クレイ（泥）	吸着力により汚れを取り除く

※マイクロプラスチックビーズ（ポリエチレンなど）は環境問題により使用されなくなっています

どんな時に使う？

必要以上に角質をはがすことを防ぐため、**週に1〜2回程度、刺激を感じるようなら月に1〜2回程度を目安**に使いましょう。

使うときの注意点

目元や口元などの**デリケートな部位を避けて使用**します。強くこすりすぎず、使用後はしっかり保湿しましょう。

〈 ピーリング化粧品 〉

ピーリング化粧品は、**AHA（アルファヒドロキシ酸）** や**BHA（ベータヒドロキシ酸）** など**酸性のピーリング成分**の化学的な作用により余分な角質をはがしやすくします。ピーリング成分は分子の大きさや濃度で効果が変わります。

ピーリング成分の分子の大きさと効果

成分の種類	成分名	由来	分子の大きさ	ピーリング効果
AHA	グリコール酸	サトウキビ・玉ねぎ	小 ↑↓ 大	大 ↑↓ 小
	乳酸	サワーミルク・ヨーグルト		
	リンゴ酸	青リンゴ		
	酒石酸	ブドウ・古いワイン		
	クエン酸	オレンジ・レモン		
BHA	サリチル酸	合成	中	大

医療行為で行うケミカルピーリングはマイルドなピーリング化粧品と異なり、高濃度のものやより効果が高い成分が使われてるよ！

どんな時に使う？

ピーリング成分が配合された固形石けんは**毎日**使ってもよいですが、そのほかのピーリング化粧品は必要以上に角質をはがすことを防ぐため、**週に1～2回程度、刺激を感じるようなら月に1～2回程度を目安**に使いましょう。

使うときの注意点

目元や口元などの**デリケートな部位を避けて使用**します。強くこすりすぎず、ふき取ったり洗い流したりした後はしっかり保湿しましょう。

> 薬機法上「ピーリング化粧品」とよべるのは、医療行為のケミカルピーリングと区別するため、**洗浄やふき取りなどの動作を伴うもののみ**とされています。ポロポロとした高分子のカスが出る性質により**余分な角質を絡め取るジェル**や、**固形石けん**、**ふき取り化粧水**などがあります。

2 男性の肌とスキンケア化粧品
男性の肌の特徴と効果的なお手入れ

〈 男性の肌の特徴 〉 検定POINT

男性の皮膚は女性に比べてやや厚いとされていますが、**皮下脂肪は女性の方が多い**といわれています。**水分量は男性の方が比較的少ない**ため、女性の皮膚はみずみずしくてやわらかく、**弾力**があるのに対し、男性の皮膚はきめが粗くてかたく弾力性が低い特徴があります。

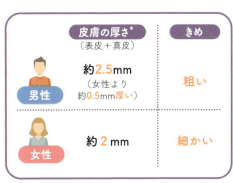

＊皮膚の厚さは部位により異なります

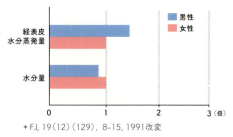

男性と女性の皮膚保湿機能

＊FJ, 19(12)(129), 8-15, 1991改変

男女の肌には違いがあるよ！

検定POINT 〈 男女の皮脂分泌量の違い 〉

男性は、**男性ホルモン**の影響で**思春期の頃から皮脂の分泌が盛ん**になり、20〜50代では**女性に比べて約2〜3倍**[*2]**の皮脂が分泌**されます。

皮脂分泌が多いことで毛穴が開きやすく、汚れがたまりやすいため、洗顔で丁寧に汚れを落とすことが大切です。また、女性は20代で分泌量のピークを迎えた後、**加齢とともに大きく減少**しますが、男性は30代のピーク以降も**60代まではあまり減少せず、その後減少する**傾向があります。

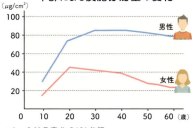

年齢による皮脂分泌量の変化[*1]

＊1　化粧品事典 P681参照
＊2　20〜50代の皮脂分泌量で比較した場合

男性用スキンケア化粧品

男性は**皮脂量**が多いため、男性用のスキンケア化粧品は女性用のものと比べて**油性成分の配合量**が**少ない**傾向にあります。ベタつきを抑えた清涼感のある使い心地のものが好まれ、洗顔料は女性向けのものよりも**洗浄力**が**高め**のものが多くあります。

〈 男性用化粧品に配合されるスーッと感を出す成分 〉

■ **エタノール**	アルコール。蒸発するときに熱を奪うので、皮膚の温度が下がります。	
■ **メントール**	ハッカ油に含まれる成分。皮膚の感覚を刺激し冷感を与えます。ミント様の香りで清涼感をイメージさせます。	ハッカ
■ **カンフル**	クスノキの原木から得られる精油に含まれる成分。皮膚の感覚を刺激し冷感を与えるとともに、血行を促進。湿布によく使われる香りです。	クスノキ

ヒゲとシェービング化粧品

〈 ヒゲの特徴 〉

男性の肌のお手入れで女性と大きく異なる点はヒゲをそることです。ヒゲは太く伸びるのも速いため、頻繁にそる必要があります。

太さ	伸びるスピード
頭髪の約1.5倍	1日に約0.4mm

※個人差や人種による差があります

カミソリや電気シェーバーなどのヒゲそり製品によっては、肌表面の皮脂膜や角質まで必要以上にそいでしまうため、使用後に**肌の水分蒸発量が増え、赤みなどの炎症が起こる**こともあります。実際に、ヒゲが濃く、ヒゲそりの時間が長い人ほど肌荒れや色素沈着が目立ちやすいという報告もあります。

〈 シェービング化粧品の種類と特徴 〉

　ヒゲそりによる肌荒れを防ぐには、自分の肌やヒゲのタイプにあったヒゲそり製品を選択し、ヒゲそり時には、シェービング化粧品を使いましょう。また、**ヒゲそり後はスキンケアで水分を中心に油分も補うことも大切**です。ここではシェービング化粧品について知りましょう。

使用タイミング	分類	種類（形状）	特徴
ヒゲそり前	石けんタイプ	・ソープ（固形・粉状） ・クリーム ・フォーム（エアゾールタイプ） ソープ　クリーム　フォーム	主成分は**石けん**で、カミソリの刃のすべりをよくして肌荒れを防ぐとともに、**アルカリ性**にすることで**ヒゲをやわらかくして、そりやすくする**
	非石けんタイプ	・ジェル	**水溶性成分の増粘剤**でジェル状にするとともに、**保湿剤**でカミソリや電気シェーバーの刃の**すべりをよくして、肌荒れを防ぐ**
	ローションタイプ	・ローション（液状）	**エタノール**を配合し**肌を引き締めてヒゲを立たせる**ことで、そりやすくするとともに、すべりのよい**粉体**を配合し電気シェーバーの刃の**すべりをよくして、肌荒れを防ぐ**
ヒゲそり後	ローションタイプ	・ローション（液状）	**ヒゲそり後**の肌荒れを防止する。**抗炎症作用のあるグリチルリチン酸2K**などを配合したものや、皮脂を吸着する**粉体**を配合して**皮脂分泌を抑制する**ものがある。**エタノール**や**メントール**、**カンフル**などで清涼感やさっぱり感を出しているものも

UVケア化粧品

肌が衰える原因のほとんどは、
紫外線ともいわれています。
美しい肌を保つためには、
日焼け止めの使用による
日々の紫外線対策が必須です。
ここでは、日焼け止めをはじめとする
UVケア化粧品の基礎知識
について説明します。

3 UVケア化粧品

紫外線をカットする成分を知って、正しく使おう

UVケア化粧品のメインは、紫外線をカットする日焼け止め化粧品です。

日焼け止め化粧品

種類（形状）	特徴
ジェル、クリーム	**O/W型乳化系**が多い。デイリーケア（日常使い）向けの製品に多く、**ジェル**タイプと表示しているものもある。**みずみずしく白浮きもなく、使用感にすぐれている**。**低～高SPFまで幅広い製品がある**
ミルク、ローション 　　　　　焼きたくない人は高SPF、W/O型がおすすめ！	**W/O型乳化系**で**耐水性**が高く、**高SPF製品が多い**ため、汗をかきやすいアウトドアやスポーツシーンに適している。シリコーンオイルが中心に使われることが多く、ここに紫外線カット剤が配合されているため、ステンレスのボールが入っており、**振って使う2層式のものが多い**。製品によっては落としにくい場合もある ※日焼け止め化粧品の製品名によく使われる「～ローション」や「～ミルク」は、スキンケア化粧品の化粧水（ローション）や乳液（ミルク）とは処方系が異なる2層式をさす場合がある
ミスト、スプレー（液状）	**さっぱりとした使用感**の製品が多く、耐水性は低い。低～高SPFまで幅広い製品がある。広範囲に薄くつくため、塗布量が少なくなりやすい
スティック（固形状）	**耐水性にすぐれている**。肌への密着性が高い。**頬**など日焼けしやすい部位への**部分使用にも適している**。持ち運びしやすく、メイクの上から使えるアイテムが多い
シート（不織布含浸タイプ）	不織布からできたシートに、主にO/W型乳化系を浸したもの。携帯性や使いやすさ、塗り直しやすさなど**利便性にすぐれている**が、SPFが低いものが多い

日焼け止めを塗り直さないといけないのはなぜ？

汗や水に強い**ウォータープルーフ**タイプであっても、毛穴から出る皮脂によって浮いてしまったり、**衣服や動作による摩擦が原因で落ちる**ことがあります。

塗り直しに便利なスプレーの使い方

メイクの上からでも使えると人気の日焼け止めスプレーですが、顔に塗るときは、直接かけると**吸い込んでしまうリスクがある**ため必ず手に出してからつけましょう。

身体には直接スプレーすることができますが、紫外線カット効果を得るには**十分量（目安：片腕で30秒以上）**をスプレーする必要があります。

〈 紫外線カット剤の種類と特徴 〉

検定 POINT

紫外線カット剤は、成分によって紫外線をカットするしくみや、カットできる紫外線の種類が異なります。大きく分けて**紫外線のエネルギーを吸収して微弱な熱エネルギーへ変換する**ことで肌への影響を抑える「**紫外線吸収剤**」と、微粒子粉体が紫外線を**反射**する「**紫外線散乱剤**」の2種類があります。日焼け止め化粧品は、吸収剤と散乱剤を組み合わせることで紫外線カット効果を高めているものが一般的です。

肌にやさしい敏感肌用や子ども用の製品では、吸収剤を使わず**散乱剤のみを使用したもの**（ノンケミカル処方）が多いよ！

	紫外線吸収剤	紫外線散乱剤
紫外線をカットするしくみ	紫外線のエネルギーを取り込み、微弱な熱エネルギーに変換する  エネルギーを**吸収**して**化学**的にカット	物理的に紫外線をはね返す 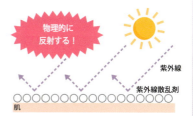 **反射**で**物理**的にカット
成分例	**ケイヒ酸系**（メトキシケイヒ酸エチルヘキシルなど）、**トリアジン系**（ビスエチルヘキシルオキシフェノールメトキシフェニルトリアジンなど）など	**酸化亜鉛、酸化チタン** ※紫外線カット効果と使用感にすぐれる10～30nm（ナノメートル）の**微粒子**タイプ（顔料タイプの約1/10のサイズ）が主に使われている
波長	それぞれの成分に**特有の吸収波長**があり、組み合わせることで幅広い波長をカットできる	UV-A～Bまで幅広くカットできるが得意な波長があり、**酸化亜鉛は主にUV-A**を、**酸化チタンは主にUV-B**をカットする
使用感	肌に塗ったときに**白浮きせず、きしみ感も**ないのでデイリーユースには最適だが、**多量に配合するとベタつくことも**	サイズの大きい顔料タイプは**白浮きやきしみ感、粉っぽさが出る**ことも。**微粒子**タイプはきしみ感はあるが**透明性が高く白浮きしにくい**
安全性	**ポジティブリスト**に収載されている吸収剤しか配合できない。収載されている成分は多くのデータに基づいて安全性を確認しているが、**まれに肌に合わない人も** 	**皮膚刺激を感じにくい**といわれている。FDA（アメリカ食品医薬品局）では紫外線カット剤の中で唯一安全と認識できるという見解を出している。 EUではナノサイズの成分（微粒子タイプ）については安全性に懸念があるとして、配合している旨の表示を義務づけている

※紫外線カット剤の成分例について詳しくは本書P255参照
※ポジティブリストについて詳しくは本書P218参照

その他のUVケア化粧品

日焼けから肌を守るだけじゃない！

サンタン化粧品

主に肌が赤くなる**UV-B**を**カット**しながら、ムラなく均一に日焼けするためのもの。**サンオイル**が最も一般的ですが、乳液、ジェル、ローションもあります。浜辺で使用される場合が多いことから、砂の付着が少ないシリコーンオイルが多く配合されます。**SPF4程度**の製品が主流です。

セルフタンニング化粧品

紫外線を浴びずに塗って2〜5時間おくだけで肌を小麦色にするためのもの。**ジヒドロキシアセトン（DHA）**が配合されており、塗ると角層の上層にのみ作用して短時間で褐色に変化させます。水や汗、石けんで洗っても色落ちしませんが、ターンオーバーにより角層の剥離が進むにつれて**約1〜2週間**で消えていきます。

アフターサン化粧品

紫外線によりダメージを受けた肌の**炎症を鎮める**ためのもの。薬用化粧品では**抗炎症作用のあるグリチルリチン酸2K**や**トラネキサム酸**が配合された**化粧水や水系ジェルが主流**です。化粧品では、**酸化亜鉛**に淡赤色の酸化鉄を微量配合した**カラミンローション**（2層式化粧水）もあります。
そのほか、ほてった肌に**ひんやりとした冷感**を与えるため、**メントール**や**エタノール**が配合されたものもあります。

03 化粧品の種類と特徴

UVケア

メイクアップ化粧品

より印象的な顔立ちに仕上げる
メイクアップ化粧品について学びましょう。
中身や特徴、成分、さらには
仕上がりや化粧もちの違いを知ることで、
メイクアップ化粧品を的確に
選べるようになるでしょう。

4 メイクアップ化粧品

肌を美しく彩るアイテム

メイクアップ化粧品は、ベースメイクアップ化粧品とポイントメイクアップ化粧品の2つに分けられます。メイクアップ化粧品には、美しく見せる「**美的役割**」や、自分に自信がもてる、気分が上がるなどの「**心理的役割**」があり、さらにベースメイクアップ化粧品には紫外線などの**外的刺激から肌を保護する働き**もあります。

メイクアップの基本の手順

STEP 1　ベースメイクアップ

化粧下地・コントロールカラー
▽
（パウダー状以外のファンデーションを使用する場合）
リキッドやクリームなどのファンデーション
▽
コンシーラー
▽
フェイスパウダー

（パウダー状のファンデーションを使用する場合）
コンシーラー
▽
パウダーファンデーション

▽
フェイスカラー（チークカラー、ハイライト、シェーディング（シャドー））

STEP 2　ポイントメイクアップ

アイブロウ
▽
アイカラー（アイシャドー）
▽
アイライナー
▽
マスカラ
▽
リップカラー

※上記の手順は目安です。メイクアップの手順はメーカーや商品の特徴によって異なりますので、各商品の推奨手順にしたがってください。

〈 メイクアップ化粧品の主な構成成分 〉

検定 POINT

メイクアップ化粧品の主な構成成分は**体質顔料**、**着色顔料**、**真珠光沢顔料**などの「**粉体**」と、これらを**分散**させたり、つなぎとめたりする「**基剤**」です。

		主目的	成分例
粉体	ベースになる粉体	・製品の形状を保つ ・伸びなどの感触を調整する ・密着性を高める ・汗や皮脂を吸収する ・着色顔料を薄めて色を調整する	●体質顔料 タルク、マイカ、カオリン、シリカ、炭酸Ca、窒化ホウ素、硫酸Ba、合成マイカ〔化合成フルオロフロゴパイト〕*1 ●感触調整剤 ナイロン〔化ナイロン-66など〕、ポリエチレン、ラウロイルリシン　　　　　　　　　　　　　など
	色や光沢をつける粉体	・色をつける ・隠ぺい力やカバー力などを与える	●白色顔料 酸化チタン、酸化亜鉛 ●着色顔料 酸化鉄、グンジョウ、カーボンブラック ●有機顔料 赤202、赤226、黄401、青404 ●染料 赤213、赤218、赤223、黄4、黄5、青1 ●天然色素 ベニバナ赤、カルミン、β-カロチン
		・光沢をつける	●真珠光沢顔料（パール剤） 酸化チタン被覆マイカ〔化酸化チタン、マイカ〕*2、オキシ塩化ビスマス、酸化チタン被覆ホウケイ酸（Ca/Al）〔化酸化チタン、ホウケイ酸（Ca/Al）〕　　　　　　　　　　など
基剤	粉体を分散させたり、つなぎとめる成分	・粉体を分散させる ・粉体をつなぎとめる（結合剤） ・製品の形状をつくる	●油性成分 スクワラン、ミネラルオイル、シリコーンオイル〔化ジメチコンなど〕、植物油〔化ホホバ種子油、オリーブ果実油など〕、ワセリン、パラフィン、マイクロクリスタリンワックス、ミツロウ、キャンデリラロウ ●水溶性成分（保湿剤など） 水、グリセリン、BG ●界面活性剤 PEG-10ジメチコン、PEG-10水添ヒマシ油、レシチン　　　　　　　　　　　　　　　　　など

> 粉体と基剤の種類や配合比率を変えることでいろんな種類の製品ができるんだよ

※成分例は、化粧品の表示名称を化で記載しています
*1 一般的に、慣用名として合成金雲母とよぶこともあります
*2 一般的に、慣用名として雲母チタンとよぶこともあります

83

〈 粉体の形状と仕上がり 〉 検定POINT

メイクアップ化粧品では美しく見せるという点で、**カバー効果や色彩の効果が重要**ですが、これらの機能は**「粉体」の種類や特徴によるところが大きい**です。ここでは、粉体の形状とその特徴や仕上がり、使用感について知りましょう。

03 化粧品の種類と特徴 / メイクアップ

	球状粉体	板状（ばんじょう）粉体 単層	板状粉体 積層（せきそう）
特徴	肌に当たる光をさまざまな方向に反射させる**丸い球状**の粉体 　やわらかい光 　拡散反射	肌に当たる光を「反射板」のように強くはね返す**板状**の粉体 　強い光 　正反射	肌に当たる光を外層と内層で反射する**層状**の板状粉体 　きらきらと輝く光 　外層／内層 　正反射
仕上がり	光を拡散し、マットな質感を与える。肌の凹凸をぼかし目立たなくする効果（ソフトフォーカス効果）も	強い光を反射し、ツヤのある質感や透明感を与える。若々しい肌を演出できる	輝くような光を反射し、**光沢感**やツヤのある質感を与える。真珠やシャボン玉のようにさまざまな色を発するものも
使用感	肌上を転がるように広がりすべりをよくしたり、さらさら感を与える	肌へのつきがよく、すべすべ感を与える	
成分例	球状の**シリカ**、**炭酸Ca**、合成高分子粉体（**ポリメタクリル酸メチル**、**ポリウレタン**など）など	マイカ、合成フルオロフロゴパイト、オキシ塩化ビスマス　など	酸化チタン被覆マイカ、酸化チタン被覆ホウケイ酸（Ca/Al）など

※粉体には球状や板状（単層、積層）以外にも、針状や粒状、不定形状、繊維状などの形状があります

粉体のコーティング

粉体は、目的に合わせて、表面をほかの成分でコーティングしたものが使われることがあるよ。例えば、**汗や皮脂をはじいて化粧くずれを防止するためにシリコーンオイル**でコーティングしたものや、**肌へのつきをよくしたりしっとり感を与えるためにアミノ酸誘導体**でコーティングしたものがあるよ

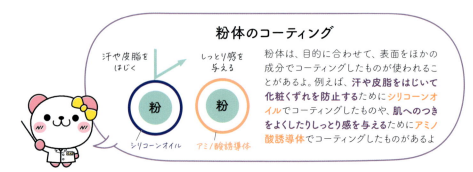

5 ベースメイクアップ化粧品
きれいな肌に魅せる必須アイテム

ベースメイクアップ化粧品とは、肌の色や質感を変え、肌のきめを整え、肌悩みをカバーするなど、**肌を美しく仕上げる**ためのものです。ベースメイクで肌をカバーすることで、**乾燥や紫外線から肌を守る**こともできます。

《 ベースメイクアップ化粧品に求められる機能 》

- **凹凸補正機能**
球状粉体やポリマーがきめや小ジワ、毛穴などに入り込み、肌の凹凸を整える

- **色補正機能**
着色顔料やパール剤により**肌色を補正**したり、カバー力の高い白色顔料などでシミ・そばかすやくま、ニキビなどの**色ムラをカバー**する

- **光機能**
正反射効果のある板状粉体でくすみを軽減し肌色を明るく整える。光を拡散させる球状粉体でシワや毛穴をぼかし目立たなくする

- **肌との密着性を高める機能**
皮膜形成剤などにより肌との密着性を高める

- **化粧くずれ防止機能**
皮脂を吸着する効果のある粉体などにより化粧くずれを防ぐ

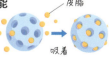

- **スキンケア機能**
保湿や肌荒れ防止、美白などを目的とした訴求成分を配合し、日中のスキンケア効果をサポートする

- **紫外線カット機能**
紫外線カット剤を配合することで、紫外線から肌を守る

- **アンチポリューション機能***
花粉やPM2.5、ほこりなどの大気汚染物質が肌に付着するのを防ぐ
*アンチポリューション効果とは、大気汚染物質などによる肌への影響を抑える効果のこと

《 ベースメイクの質感と粉体の特徴 》

- **マット**
球状粉体により**粉っぽく、ふんわり**とした質感に仕上がる

- **ツヤ**
パール剤や板状粉体を多く含み、**光沢**感のある質感に仕上がる

※粉体の種類や製品により異なる場合もあります

仕上がりを左右する

化粧下地、コントロールカラー

03 化粧品の種類と特徴

化粧下地

化粧下地はファンデーションの前に塗ることで、**ファンデーションと肌の密着性を高め、メイクのつきやもちをよくする**アイテムです。また、紫外線カット効果をもち、日焼け止めの機能を兼ね備えたものが多くなっています。

コントロールカラー

コントロールカラーは、赤みやくすみなど**肌の色ムラ悩みを補色（色相環の反対色）***で打ち消して目立たなくしたり、肌色を調整して**血色感や透明感などを足す**アイテムです。ピンポイントで悩みをカバーするコンシーラーとは少し異なり、色みを薄くのせて**肌色を均一に整える**ことを目的として使います。

化粧下地を兼ねるものも多く、軽いつけ心地でさらっと塗り広げやすく、仕上がりもナチュラルです。

* 補色や色相環について詳しくは本書P99参照

補色
（色相環の反対色）

メイクアップ

色	特徴
ピンク	淡いピンクは肌色に**血色感**をプラスします。自然な血色感で**健康的な印象や、優しい印象**に仕上げたいときにも効果的
イエロー	メラニンによる茶色がかった**くすみ**や**茶くま**を明るくカバーして、健康的なスキントーンに微調整
グリーン	赤ら顔、頬やニキビ跡などの**赤み**を相殺するのがグリーン。赤みが気になるところにだけ、ポイントで使用
オレンジ	**血行不良**による青黒い**くすみ**や**青くま**の悩みに効果を発揮。**黒くまやたるみなどの影の暗さ**をカバーするのにも有効
ブルー〜パープル	肌に**透明感**をまとわせ、エレガントに見せるカラー。**黄ぐすみ**しがちな肌の**黄み**を抑える働きも

赤みを相殺

Tゾーンやあごにハイライトとして

口角や目のまわりのくすみに

血色感をプラスしたいポイントに

目元の黒くまや青くまに

小鼻まわりやニキビ跡の赤みに

\メイクアップのかなめ/

ファンデーション

ファンデーションは肌色や肌の質感の補整に加え、くすみやシミ・そばかすなどをカバーするアイテムです。

〈 ファンデーションの構成成分 〉

伸びをよくし、なめらかな感触にするため、**タルクやマイカ**などの**体質顔料**が多く配合される

粉体
- ベース粉体
- 色・光沢

基剤
- 分散・つなぎ

訴求成分

品質保持成分

主に**酸化鉄**などの**着色顔料**や**酸化チタン**などの**白色顔料**が使用される。肌色をよくみせるために**有機顔料**が、ツヤを与えるために**パール剤**などが配合されることもある

主に**液状**の**油性成分**が使用される。形状をつくるためには半固形や固形の油性成分を配合することもあり、配合量は種類（形状）によって異なる。**乳化系**には**水**も配合される

肌のうるおいを保つため、**セラミド**［化**セラミドNP、セラミドEOP**など］や**ヒアルロン酸**［化**ヒアルロン酸Na**］、**コラーゲン**［化**水溶性コラーゲン**］などの保湿剤が配合されたものや、紫外線カット効果をもたせるために**紫外線カット剤**が配合されたものもある

プレストパウダーは、基剤の配合量が少ないと軽く伸び広がり、さらっとした使用感になるけど割れやすくなるよ。配合量を増やすとしっとりした使用感で密着感が高くなるけど、表面が固まりやすく取れづらくなることもあるよ

※成分例は、化粧品の表示名称を化で記載しています

〈 ファンデーションの種類と特徴 〉

検定 POINT

ファンデーションにはさまざまな種類があり、粉体と基剤（油性成分と水や水溶性成分）の構成比率の違いで、特徴や仕上がりが異なります。各種類の特徴を処方系や構成比率とともに理解しましょう。

03 化粧品の種類と特徴 / メイクアップ

種類（形状）	処方系	構成比率（例）	特徴
パウダー（粉状）	ルース（ジャータイプ）	粉：油 = 9.5：0.5	テカリを抑える。ブラシでつけると軽い仕上がりに。ミネラルファンデーションに多い
パウダー（粉状）	プレスト（コンパクトタイプ）	粉：油 = 9：1	水なしで使用するものと、水ありでも使用できる両用のものがある。テカリを抑える。化粧直しや携帯に便利で、製品数が多い
固形状	油系（スティックタイプ）	粉：油 = 6：4	つきがよく、カバー力が高く、水にも強い。シミやそばかすなどの肌悩みをポイントでカバーしやすい
固形状	油系（コンパクトタイプ）	粉：油 = 5：5	つきがよく、水に強い。エモリエント効果が高い
固形状	W/O型乳化系	粉：油：水 = 3：5：2	化粧もちがよく、携帯に便利。揮発しやすいため、気密コンパクトに入っている
クリーム	W/O型乳化系	粉：油：水 = 2：4：4	化粧もちがよい
クリーム	O/W型乳化系	粉：油：水 = 2：2：6	伸びがよくトリートメント性が高い。BBやCCクリームに多い
リキッド、クッション（液状）	W/O型乳化系（リキッドタイプ）	粉：油：水 = 2：4：4	W/O型乳化系のクリームよりさっぱり感がある。化粧もちがよく、リキッドファンデーションやクッションファンデーションに多い
リキッド、クッション（液状）	W/O型乳化系（クッションタイプ）	粉：油：水 = 2：2〜4：4〜6	
リキッド、クッション（液状）	O/W型乳化系	粉：油：水 = 1：2：7	伸びがよくトリートメント性が高く、みずみずしい仕上がり

※配合成分の構成比率は、同じ種類（形状）でも製品ごとに異なります
※粉は粉体、油は油性成分、水は水や水溶性成分をあらわしています

〈 その他のファンデーション 〉

ミネラルファンデーション

ミネラルとは無機物質のことです。特別なもののように思われますが、通常のファンデーションにもよく使われているマイカや酸化チタン、酸化亜鉛、酸化鉄、シリカなどがそれにあたります。「ミネラルファンデーション」の多くはルースで、粉体のコーティングやつなぎに油性成分を配合しないのが一般的です。そのため、クレンジング料を使わず石けんで落とせるなど、肌に負担が少ないという特徴があります。

BB クリーム

BBとは「ブレミッシュ（傷）バーム（軟膏）」の略称。もとは美容施術後の肌の炎症を抑え、赤みをカバーする保護クリームとして抗炎症作用のある甘草エキスやアラントイン、保湿効果のあるシア脂などが配合されていました。
現在では、スキンケア、日焼け止め、化粧下地の機能を兼ね備えたファンデーションとして、着色顔料の量が少なく発色の弱いO/W型乳化系のクリームファンデーションが多く販売されています。一方、化粧もちのよいW/O型乳化系のものも増えています。

構成比率（例）

O/W型乳化系
粉 ： 油 ： 水
1 ： 2 ： 7

化粧もち向上
W/O型乳化系
粉 ： 油 ： 水
2 ： 2 ： 6

CC クリーム

CCとは"Color Control"（カラーコントロール＝色を調整する）など、メーカーによってその意味はさまざま。
ファンデーションに近いBBクリームよりも下地に近く、O/W型乳化系が中心。軽い仕上がりと高いスキンケア効果を持ち、肌の色みを整えることで肌をきれいに見せてくれるクリームです。

構成比率（例）

O/W型乳化系
粉 ： 油 ： 水
2 ： 2 ： 6

クッションファンデーション

スポンジ状のクッションに**液状**（**W/O型**）のくずれにくいファンデーションを浸み込ませ、コンパクトに入れたもの。持ち運びに便利で手軽に化粧直しができるので人気です。**カバー力が高い**ものも多く出ています。

また、W/O型乳化系のリキッドファンデーションと近い処方系で油性成分が多いため、**しっとり感が高い**のも特徴です。

構成比率（例）
W/O型乳化系
粉 ： 油 ： 水
2 ： 2〜4 ： 4〜6

〈 肌の色に合わせた色調 〉

日本ではファンデーションの色調は、赤い・黄色いといった「**色み**」と「**明るさ**」の組み合わせで分類されることが一般的です。色みは**オークル系を標準**とし、**より赤みの強いピンク系**、**より黄みの強いベージュ系**の3つを基本に展開され、各化粧品メーカーはこれらを組み合わせて4〜10色のバリエーションを用意していることが多いです。

※メーカーにより色調の考え方は異なる場合があります

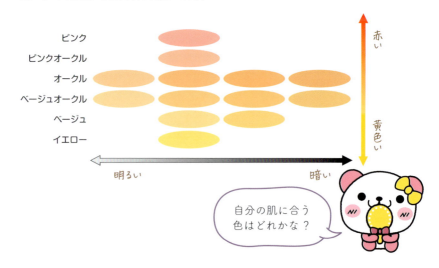

〈 目的に合わせた粉体への工夫とアイテムの選び方 〉

テカリやヨレを防ぎたい！	乾燥を防ぎたい！

配合される粉体

- 化粧くずれしないように粉体の表面を**シリコーンオイル**などでコーティングしたもの

- **シリカ**や**シリコーンポリマー**などの**皮脂吸着パウダー**

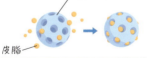

- しっとり感を与えるために粉体の表面を**アミノ酸誘導体**や**レシチン**などの保湿成分でコーティングしたもの

アイテム

- テカリを抑える**ルースやプレストのパウダーファンデーション**

- 肌との密着性が高い**リキッドタイプのW/O型乳化系ファンデーション**

- 保湿剤や油性成分を多く配合した**クリームファンデーション**

- **エモリエント**効果が高い油性成分を配合した、**コンパクトタイプの油系やW/O型乳化系ファンデーション**

\ 肌悩みを部分的に カバー /

コンシーラー

コンシーラーは、シミ・そばかすやくま、ニキビなどの色ムラをカバーするために使う部分用のファンデーションです。

一般的に粉、油、水の構成比率は**ファンデーションと似ています**が、**カバー力**が高いものは**白色顔料**や**着色顔料**がファンデーションよりも多く配合されています。

〈 コンシーラーの種類と特徴 〉

種類（形状）	かためで 固形状	やわらかめで リキッド（液状）
タイプ	スティックタイプ コンパクトタイプ	筆ペンタイプ ボトルタイプ
特徴	**カバー力が高い** ピンポイントのお悩みの カバーに適している	**自然な**カバー力 広い範囲の カバーに適している
基本的なつけ方	シミやニキビなどしっかりカバーしたい部分にピンポイントでのせ、ひとまわり大きく薬指やブラシでまわりをトントンとたたくようになじませます 	目元のくまや頬の赤みなど広範囲に気になる部分を中心に、数カ所に塗り伸ばし、薬指でトントンとなじませます 

ベースメイクの総仕上げ

フェイスパウダー

　フェイスパウダーは、ベースメイクの仕上げに使うアイテムで、白粉（おしろい）ともよばれます。皮脂やファンデーションなどの**余分な油分を吸着しテカリを抑える**とともに、**ファンデーションを定着させて化粧くずれを防ぎます**。また、パウダーにより肌表面のベタつきがなくなると、ポイントメイクがムラづきせずきれいにのせやすくなります。

　一般的に粉体と油の構成比率はファンデーションと似ていますが、透明感のある仕上がりにするためファンデーションと比べて、**着色顔料**や**白色顔料**などの**カバー力の高い粉体の配合量が少ない**という特徴があります。

〈 フェイスパウダーの種類と特徴 〉

タイプ	構成比率（例）	特徴
ジャー（ルース）	粉 ： 油 9.5 ： 0.5	大部分が粉体で、わずかに結合剤を混ぜたものもある。**ふんわりと軽い使用感**
コンパクト（プレスト）	粉 ： 油 9 ： 1	**プレス**により粉体を固めたもので、**肌への密着性が高い**。携帯に便利で化粧直しがしやすい

〈 フェイスパウダーの仕上がりと特徴 〉

ルーセント（透明）

隠ぺい力のある白色顔料や着色顔料の配合を抑え、体質顔料を中心にすることでファンデーションの色を活かし、**透明感**のある仕上がりになる

着色

着色顔料による**色**と**立体感**をプラスしたもの。肌なじみのよいベージュ以外にもホワイトやパープルなど肌色補整効果やハイライト効果があるものもある

〈 化粧くずれってどうして起こるの？ 〉

テカリ

皮脂が肌の表面を覆うと、その表面で鏡のように光が反射しテカリを感じます。特にTゾーンで起こりやすいです。

ムラ、ヨレ

汗や皮脂が粉体と混ざり不均一になることで、色ムラやヨレが起こります。表情の動きとともにほうれい線などのシワ部分に粉体が集まることでも起こります。

毛穴落ち

汗や皮脂が粉体と混ざって不均一になり、時間とともに粉体が開いている毛穴に集まると、毛穴が白く浮いて見えます。

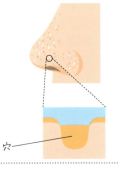

つけたて

数時間後

色ぐすみ

粉体と皮脂がなじむと、つけたての色から暗く変化してしまいます。

プレストのパウダー製品のつくり方

プレスにより粉体を固めたメイクアップ化粧品は、**乾式製法**か**湿式製法**のどちらかでつくられ、**圧縮成型**して完成させます。これらの製法でつくられるものには、ファンデーションやチークカラー、フェイスパウダーなどがあります。

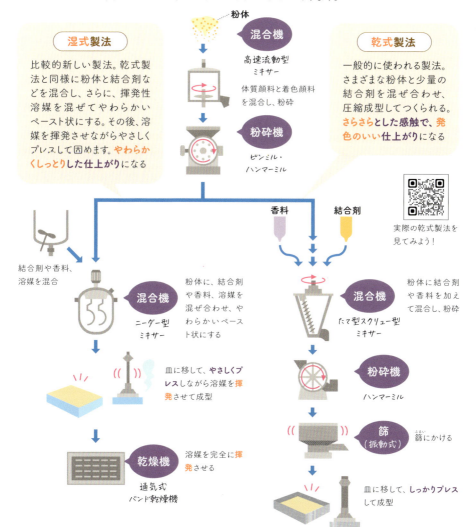

フェイスカラー
（チークカラー、ハイライト、シェーディング）

03
化粧品の種類と特徴

血色感を与える

チークカラー

チークカラーは頬紅ともいわれ、**頬に血色感を与え、頬のふくらみを強調して立体感を出す**ことで、顔色を生き生きと健康的に見せるアイテムです。

一般的に粉、油、水の構成比率は**ファンデーションと似ています**が、**着色顔料がファンデーションよりも多く1～6％程度配合**されています。**染料は肌に色が染着してしまうためほとんど使用されません**[*]。また、自然な仕上がりにするためカバー力はファンデーションなどに比べて低く、ふんわりと色づくように設計されています。

[*] リキッドやクリームには染料が使用されることもあります

〈 チークカラーの種類と特徴 〉

種類（形状）	タイプ	特徴
パウダー（粉状）	ジャー（ルース） コンパクト（プレスト）	どちらも粉体のもつ**ふんわりとやわらかな質感**が特徴。粉体の感触を生かしたジャータイプ（ルース）はさらさらとした軽いつけ心地。粉体を固めたコンパクトタイプ（プレスト）はぼかしやすく密着感もあるため、簡単に仕上げることができ、**製品数が多い**
固形状	コンパクト スティック	「練りチーク」ともよばれる。**固形の油性成分が多く密着感が高い**ため化粧くずれしにくく、**ツヤのある仕上がり**になる。パウダー（粉状）のチークカラーの下地としても使える
クリーム	チューブ	肌なじみがよく、内側からにじむような**自然な血色感やツヤが演出できる**
リキッド（液状）	ボトル　ポンプ	ハケやチップで塗るボトルタイプやポンプタイプなどがある。**伸びがよく適度なうるおいがあり、みずみずしく透明感のある発色で薄づき**のものが多い

メイクアップ

ハイライト、シェーディング

光と陰で立体感を演出する

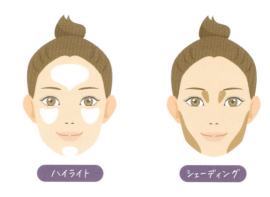

ハイライトは顔に光を与えることで**立体感や明るさを演出**し、シェーディング（シャドー）は顔に影をつくることで**シャープな輪郭や奥行き感を演出**するアイテムです。

一般的に粉、油、水の構成比率は**ファンデーションに似ています**が、ハイライトには**パール剤**や**白色顔料が多く配合**され、着色顔料は少なくなります。一方、シェーディングはブラウン系の暗めの色調のものが主流で、ファンデーションよりも**着色顔料**がやや多く配合されています。

〈 ハイライト、シェーディングの種類と特徴 〉

種類（形状）	タイプ	特徴
パウダー（粉状）	コンパクト（プレスト）	**薄づき**でぼかしやすく、ふんわりナチュラルな仕上がりのため、初心者でも使いやすい
固形状	スティック	密着感が高いため**発色**がよく、一度で明るさや濃い影を入れることができる。細いタイプは細かい部分にも塗りやすい

ベースメイクアップ化粧品の特徴がわかったかな？

6 ポイントメイクアップ化粧品

表情を美しく彩る

ポイントメイクアップ化粧品とは、目元や口元などのパーツに部分的に色や輝きを与えたり、形を変えたりすることで**美しさを増し、魅力を引き立たせる**ためのものです。アイブロウやアイカラー、アイライナー、マスカラ、リップカラーなどがあります。

色の見え方と表し方

カラーバリエーションが豊富なポイントメイクアップ化粧品で、重要となる色の見え方やその表し方について学びましょう。

〈 色の見え方 〉

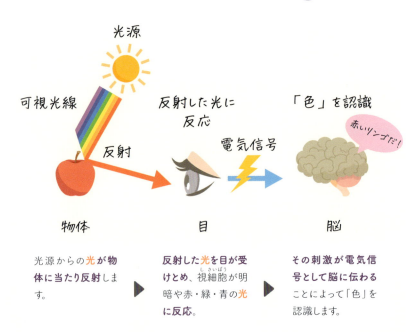

光源からの光が物体に当たり反射します。

反射した光を目が受けとめ、視細胞(しさいぼう)が明暗や赤・緑・青の光に反応。

その刺激が電気信号として脳に伝わることによって「色」を認識します。

〈色の表し方〉 検定POINT

色の見え方には個人差がありますが、**色を表す"物差し"である**「色の三属性」を使うことによって、色の特徴を正確に表現することができます。

「色相環」

補色
（色相環の反対色）

1. 色相

赤・青・黄といった「**色みの違い**」。色みをもつ**有彩色**と、色みをもたない**無彩色**（白・灰色・黒）に分けられます。

赤～橙～黄～緑～青～藍～紫というように色相が近い順に並べて視覚化し、**環状に配置したものを**「色相環」といいます。

色相環の正反対にある2色は「**補色**」といい、混ざると色を打ち消し合って無彩色になるよ。

2. 明度

色の「**明るさの度合い**」。物体の表面で反射する光の量が多いほど、明度が高くなります。同じ色相でも明るさによって見え方が変わり、**明度が高くなると白っぽく（明るく）、低くなると黒っぽく（暗く）**なります。

3. 彩度

色の「**鮮やかさ（色みの強さ）の度合い**」。有彩色は**彩度が高いほど強く鮮やかな色**になり、**低いほどくすんだ色**になります。無彩色は彩度をもちません。

〈 光の種類と特徴 〉

自宅の照明の下でメイクした後に外で鏡を見ると、白浮きして見える、メイクが濃く見える、など思っていた仕上がりと違うと感じることがありませんか？これは、**どのような光の下でメイクをしたかで色の見え方が異なる**ことが原因です。

	種類		特徴	太陽光との比較
自然光源	太陽光		**無色**に感じるが、人の目に見える範囲の**すべての色を含んだ**光	―
人工光源	LED（昼白色）		さまざまな色が演出でき、**昼白色**は**太陽光**に近くなるように設計されている	昼白色のLEDは最も太陽光に近い光 メイクの仕上がりは**ほぼ同じに見える**
	蛍光灯（昼光色）		**昼光色は白っぽく、やや青みがかっている**	太陽光にやや近い光 メイクの仕上がりは**やや青みを帯びて見える**
	白熱灯（電球色）		**電球色は黄～赤みがかり、温かみを感じる**	太陽光と少し異なる光 メイクの仕上がりは**やや赤みを帯びて見える**

※照明器具は、メーカーにより多少のバラつきがあります

白浮きや濃いメイクになることを防ぐには、**太陽光の入る部屋でメイクをしよう**。特に、晴れた日の昼間に外に出ると、室内よりもメイクが濃く見えやすいよ！

\ 眉の形で /
\ 顔の印象が決まる /

アイブロウ

　アイブロウは眉墨(まゆずみ)ともよばれ、**眉に塗り、眉の形を描くことで、形を整える**ためのアイテムです。アイブロウの構成成分としては、**体質顔料**はあまり配合されず、**酸化鉄やグンジョウ、カーボンブラック**などの**着色顔料**が主に使用されます。

> カーボンブラックは**黒色の着色顔料**だよ。同じ黒色の**酸化鉄**と比べて**発色**がよく、少量でも黒く色づくから、アイライナーやマスカラなどのメイクアップ化粧品に多く用いられているよ！

〈 アイブロウの種類と特徴 〉

種類(形状)	タイプ		特徴
パウダー(粉状)	コンパクト(プレスト)		**グラデーション**がつくりやすく、ナチュラルに仕上がる。ボリュームも簡単に出せる。色をミックスし、**濃淡を自在に調節できる**複数の色がセットされているものが主流
固形状	鉛筆 繰り出し		繊細なラインが描きやすく、**眉のフォルムをつくるのに欠かせないアイテム**。部分的な毛のすき間を埋めるのにも便利。芯の硬さや形などバリエーションも豊富。手軽に描きやすく、**製品数が最も多い**
リキッド(液状)	筆ペン ボトル(筆)		**筆ペンタイプが多く、細かな部分を描き足すのに便利**。ペンシルよりも発色に透け感がある。ボトル(筆)タイプは筆ペンタイプよりも気密性が高く揮発性の油性成分を多く配合できるため速乾性があり、**色もちがよい**。時間とともに落ちやすい**眉尻**を描くのに向いている。**染料**や**ジヒドロキシアセトン(DHA)** を配合して角層を染める落ちにくい処方のもの(眉ティント)もある
マスカラ	ボトル(ブラシ)		**眉毛に色をつける**ための即席のカラーリングアイテム。**毛がしっかり生えている人向き**。マスカラのようにブラシで眉毛に塗布するため、「眉用マスカラ(アイブロウマスカラ)」とよばれる

101

\\ 目元に彩りを添える /

アイカラー（アイシャドー）

03 化粧品の種類と特徴

アイカラーは**目元に彩りを添えて陰影をつけ、立体感や奥行き感を演出する**ことで印象的な目元に仕上げる目的で使用されます。メイクアップ化粧品の中でも**カラーバリエーションが多い**アイテムです。

一般的に粉、油、水の構成比率は**ファンデーションと似ています**が、鮮やかな発色のための**有機顔料**や、**酸化鉄**、**酸化クロム（緑）**、**グンジョウ（群青色）**、**カーボンブラック**などの**着色顔料**が主に使用されます。さらに、光沢感をもたせるために**パール剤**も多く配合されます。

メイクアップ

4色パレットの基本構成

❶ ハイライトカラー
ラメや**パール剤を多く配合した色**。高く見せたいまぶたの中心や眉の下に入れて**立体感**をつくる

❸ ベースの色
まぶたのトーンを整える**明るめで淡い色**。主にアイホールに入れる

❷ バランスをとる色（中間色）
ベースと引き締め色をつなげる中間色。アイホールの内側半分程度にのせ、境目をぼかすように入れる

❹ 引き締め色
目の輪郭を際立たせる**濃い色**。まつ毛のきわにライン状に入れる

〈 アイカラーの種類と特徴 〉

種類（形状）	タイプ		特徴
パウダー（粉状）	ジャー（ルース）		大粒のラメやパール剤がたくさん入ったものや、ミネラルコスメはこのタイプが多い
	コンパクト（プレスト）		単色〜多色までバリエーションが豊富。アイホール全体にぼかしやすく濃淡の調節がしやすい。製品数が最も多い
固形状	スティック 繰り出し 鉛筆 コンパクト		固形の油性成分を多く配合し、棒状に固めたものや金皿に充填したものがある。化粧もちにすぐれるものが多い
リキッド（液状）、クリーム、ジェル	ボトル（チップ） ジャー	チューブ	油系やW/O型乳化系では液状の油性成分が多く、ツヤがある。耐水性が高く、化粧もちにすぐれる。 O/W型乳化系や水系ジェルは水溶性成分を多く配合し、みずみずしい使用感が特徴的

アイカラーの表面が固まって取れない。どうすればいい？

アイカラーやファンデーションなどのプレストのパウダー製品で、使用中に表面が固まって取れにくくなる現象を「ケーキング」というよ！指やチップ、スポンジなどについた皮脂汚れがつくことや、同じ場所ばかりをこすることが原因。かたくなった部分を削ると、使いやすくなるよ！

アイライナー

\ 目をくっきりと形づくる /

アイライナーは**目の輪郭を強調し**、**目を大きく見せたいときに使う**アイテムで、目の形をはっきりと印象づけます。アイライナーは「**粘膜に使用されることがある化粧品**」に分類され、化粧品基準などによって**使用できる成分が厳しく制限**されています。
※詳しくは本書P219参照

《 アイライナーの構成成分 》

粉体	ベース粉体	……	発色をよくするため、ベースとなる**体質顔料**の配合は少ない
	色・光沢	……	色として黒やブラウン系のものが多く、主に**酸化鉄、カーボンブラック、炭**などの**着色顔料**が使われる
基剤	分散・つなぎ	……	中身の処方系（水系や油系）によって仕上がりや化粧もちが異なる

訴求成分

品質保持成分

《 アイライナーの中身の処方系と特徴 》

リキッドアイライナーやジェルアイライナーの中身には、主に3つの処方系があります。

処方系	特徴
水性タイプ（水系非皮膜）	水系（皮膜）に比べて**耐水性が低く化粧もちは劣る**が、化粧時のつっぱり感がない
フィルムタイプ（水系皮膜）	皮膜形成剤が配合されているため、乾くと汗にも涙にもにじまず**化粧もちにすぐれている**が、皮膜感が強いので**化粧時につっぱり感がある場合も**。「お湯で落とせるタイプ」は、**フィルムコーティングが38〜40℃くらいのお湯でふやける**ので手軽に落とせる
ウォータープルーフタイプ（油系）	**油性成分を多く含む**。水、汗に強く、**化粧もちに非常にすぐれている**。乾いてフィックスした後の落ちにくさは3つの処方系の中でもトップクラス。なめらかな使用感で、カラー展開も豊富。**ジェル**は油系が多い

※フィルムタイプ（水系皮膜）でもウォータープルーフタイプと表示している製品もあります

〈 アイライナーの種類と特徴 〉

種類（形状）	タイプ	特徴	処方特徴
固形状	鉛筆　繰り出し	持ったときのグリップの安定感は抜群。**ラインの引きやすさにすぐれる**。製品により**芯のかたさや太さが異なる**ので、肌当たりや描きたいラインの太さ、濃さなど、好みによって選べる	鉛筆タイプは、**軸に流し込んでつくる**のでやわらかな質感のものが多い。芯先が丸くなりやすく、こまめに削るなど整える手間が必要。繰り出しタイプは手軽で便利。**揮発性の油性成分が多く配合されている**ウォータープルーフタイプはくずれにくい
リキッド（液状）	筆ペン　ボトル	筆ペンタイプの筆先は、毛やフェルト、細筆など種類が豊富。力加減によってラインの太さや細さの描き分けができるが、ある程度のテクニックが必要	主にフィルムタイプ（水系皮膜）。**乾くと皮膜形成剤がフィルムになるため落ちにくいが、ブレなどは修整しにくい**。発色がよく、はっきりとしたラインを描くことができる
ジェル	ジャー	乾く前はリキッドよりライン修整がしやすいものの、ブレなどは修整しにくい	主にウォータープルーフタイプ（油系）。**揮発性の油性成分を多く配合できる**ため、**速乾性**がありくずれにくいが、しっかりフタを閉めておかないとジェルが**かたく**なることも。ラメなどを配合したものもある
パウダー（粉状）	コンパクト（プレスト）	描きやすく、塗り重ねることで色の深みが調整できるので**仕上りが自然**。**粉飛びしやすく、耐水性がやや低い**ため汗や涙などで落ちることがある	**水溶きタイプなら密着性も高くなり**、パウダーを重ねることでアイシャドウのように仕上げることも可能

03 化粧品の種類と特徴 — メイクアップ

\ 瞳を魅力的に演出する /

マスカラ

マスカラは、まつ毛に塗布して**まつ毛を太く長くしたり**、カールを持続させて**放射状**にすることで**目を大きく見せる**など、目元の印象を変えることができるアイテムです。

※まつ毛美容液やマスカラも粘膜付近に使用するため、「粘膜に使用されることがある化粧品」と同じように扱われ処方設計されることがあります

〈 マスカラの構成成分 〉

粉体
- ベース粉体 …… 発色をよくするため、ベースとなる**体質顔料**の配合は少ない。主にロングタイプのものには、**ナイロン**や**ポリエステル**などの**合成繊維**が配合される
- 色・光沢 …… 色として黒やブラウン系のものが多く、酸化鉄よりも黒が鮮明に出る**カーボンブラック**などの着色顔料が多く使われる

基剤
- 分散・つなぎ …… まつ毛を固定しカールをキープするために**固形の油性成分**や**皮膜形成剤**などの成分が配合され、それによって大きく**油系マスカラ**と**水系皮膜マスカラ**に分類される

訴求成分

品質保持成分

まつ毛の根元の皮膚を整えたり、まつ毛にハリやコシを与える成分として、**パンテノール**や**ビオチノイルトリペプチド-1**、**オリゴペプチド**［化オリゴペプチド-20］などが配合される。
また、乾燥を防ぐため、**ヒアルロン酸**［化ヒアルロン酸Na］や**コラーゲン**［化水溶性コラーゲン］などの保湿剤が配合されることもある

※成分例は、化粧品の表示名称を化で記載しています

〈 マスカラの中身の処方系と特徴 〉

検定
POINT

処方系	特徴
ウォータープルーフタイプ（油系）  油膜ではじく	耐水性：○ 固形の油性成分と液状の揮発性シリコーンオイルなどを配合した油系。塗布後にシリコーンオイルなどが揮発することで固形の油性成分がかためのコーティング膜を形成するため、水や涙、汗に非常に強い。カールキープ力が高く落ちにくいため、専用のリムーバーが必要なものもある
フィルムタイプ（水系皮膜）  お湯ではがれる	耐水（皮膜）性：△〜○ 皮膜形成剤を配合したO/W型乳化系。水が蒸発した後、皮膜形成剤がフィルムになりまつ毛をコーティングする。 水や涙、汗、皮脂に強くにじみにくいが、コーティング膜の強度が低いため、油系マスカラに比べると耐水性とカールキープ力が劣る。「お湯で落とせるタイプ」はフィルムコーティングが38〜40℃くらいのお湯でふやけるので手軽に落とせる

〈 マスカラの仕上がりと特徴 〉

タイプ	特徴
ボリュームタイプ 	粘度の高い液状や固形の油性成分を中心に、水溶性の増粘剤などを組み合わせた厚みのあるマスカラ液により、まつ毛1本1本に多くの量がつき、太く濃くボリュームアップできる。1〜2mm程度の短い合成繊維を配合することもある
ロング（繊維入り）タイプ 	2〜3mm程度の長い合成繊維（ナイロンやポリエステルなど）が入っており、繊維がまつ毛にからむことで長さを出す。繊維の配合量は通常2〜5％が多い
カールタイプ 	揮発性の油性成分を配合し、速乾性があるため落ちにくく、まつ毛上でより速く乾くことで、カールキープ力も高い

〈 ブラシの形状と特徴 〉

マスカラは中身の液の特徴だけでなく、ブラシの形状も仕上がりに影響を与えます。主なブラシの形状とその特徴を知りましょう。

ブラシ形状		特徴
ストレート型		まつ毛の根元からすくい上げて塗ることができる。**どの向きで使用しても同じ仕上がり**になる
ロケット型		先端がとがっており**下まつ毛**や目の端のまつ毛にもつけやすい。液が**先端にたまりやすく**、先端部分を使うと**ボリューム**が出せる反面、つきすぎるとまつ毛が**束**になることも
ラグビーボール型		**中央が膨らんでいて先端がとがっているため、望むところにつけやすく**ボリューム**を出しやすい**。一方、ロケット型と同様に、先端部分を使うとまつ毛が束になることも
アーチ型		扇形に広がるまつ毛の形状に沿った形で、**ブラシのカーブがまつ毛の根元にフィットしやすい**。カーブの内側に液がたまるので、**ボリューム**を出しやすい
ピーナッツ型		ブラシの真ん中がくぼんだひょうたんの形になっている。**左右のまつ毛を持ち上げ、カール**を出しやすい。くぼみのある中心部分に液がたまるので、**ボリューム**を出しやすい
コーム型		まつ毛を**根元**からしっかりとかせる、**くし状**のブラシ。一方向にしか動かせないため、向きを合わせる必要がある。**重ね塗りしてもコームがとかしてくれるのでダマ**になりにくい
コイル型		**金属**または**樹脂**の棒の先端部分を、らせん状にねじきりしたもの。溝に液が均一につき、**根元にしっかり塗布できる**ため、**まつ毛美容液**などに使われることが多い

\\ 顔色をよく、華やかに見せる立役者 //

リップカラー

リップカラーは**唇のうるおいをキープ**し、**好みの色や輝き、ツヤ、マット**などの**質感を与える**ことで、なりたいイメージを演出するアイテムです。また、**加齢に伴いくすみがちになる唇の色もカバー**し、華やかな印象をもたらします。

〈 唇の皮膚の特徴 〉

唇の皮膚は頬など顔のほかの部位と違い、**厚さが約0.6mmと非常に薄く**なっています。上唇は皮膚に近い成り立ちですが、下唇は口腔粘膜の延長で成り立っています。また、**唇は皮脂腺が少なく汗腺がない**ため皮脂膜がほとんどつくられず、**角層も薄い**ためバリア機能が**低く**乾燥しやすくなっています。唇の乾燥スピードは頬の**約5倍**ともいわれています。

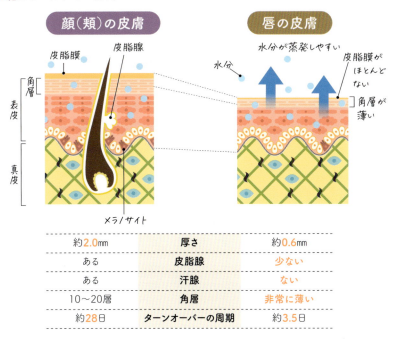

顔（頬）の皮膚		唇の皮膚
約2.0mm	厚さ	約0.6mm
ある	皮脂腺	少ない
ある	汗腺	ない
10〜20層	角層	非常に薄い
約28日	ターンオーバーの周期	約3.5日

〈 リップカラーの構成成分 〉

粉体
- ベース粉体
- 色・光沢

色や光沢をつけるための成分（主に有機顔料とパール剤）と、使用感や質感を演出するための**体質顔料**が、固形のリップスティック（口紅）では**約10％**配合される。粉体の量や種類を変えることでもマット感や透明感などの質感を調整できる
※ベース粉体は配合されないこともある

基剤
- 分散・つなぎ

固形のリップスティック（口紅）を構成している主な成分は、**約90％の油性成分**

訴求成分

唇は乾燥し荒れやすいので、**ローヤルゼリーエキス**などの保湿剤や、**グリチルレチン酸ステアリル**などの**肌荒れ防止有効成分**が配合されることが多い

品質保持成分

※リップカラーは、化粧品基準により「粘膜に使用される化粧品」に分類され、使用できる成分が厳しく制限されています。詳しくは本書P218参照

唇をふっくらさせるための訴求成分

ふっくらとした厚みと弾力があり、血色のよい唇を維持するために次のような成分が配合されることもあります。

■ **パルミトイルトリペプチド-1**
線維芽細胞を活性化させ、唇の縦ジワを改善

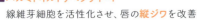

■ **ヒアルロン酸Na**
特殊技術で**ナノ化**しフリーズドライにしたものや、**カプセル化**したヒアルロン酸が水分をたっぷり吸収

■ **トウガラシ果実エキス**
カプサイシンを含み、**皮膚の感覚を刺激し温感を与えます**。新陳代謝をUPして**血行を促進**

■ **バニリルブチル**
バニラのマメから取れる植物由来成分。合成もある。**皮膚の感覚を刺激し温感を与える**とともに、**血行を促進**

〈 リップカラーの種類と特徴 〉

種類 （形状）	タイプ	特徴	処方特徴
固形状	スティック （口紅）	発色がよく、色や質感のバリエーションが豊富で**製品数が最も多い**	**約10％が粉体、約90％が油性成分**。スティック状に固めるための固形の油性成分の配合比率を減らすとリップスティックの伸びがよくなるが、折れやすくなる
	コンパクト	1つのコンパクトに複数の色がセットされているものも多く、重ねづけなどのアレンジが楽しめる	スティックタイプに比べて固形の油性成分が少ないため**使用感はやわらかめ**
リキッド （液状〜 ペースト状）	ボトル （チップ）	「**リキッドルージュ**」とよばれる。チューブタイプやボトル（チップ）タイプがあり、**唇にツヤやうるおい感を与える**	スティックと比べ、液状の油性成分が多くツヤのあるふっくらとした印象を与える。粘度の高い液状の油性成分が多いとこってりとした使用感に、少ないとみずみずしい使用感になる。
	チューブ		**揮発性の油性成分と皮膜形成剤**が配合されたマットな仕上がりで落ちにくいものや、**水が多く配合された**ウォーターリーとよばれる**O/W型乳化系**のものもある
リップ ライナー	鉛筆 繰り出し	「**リップペンシル**」や「**リップライナー**」とよばれる。唇の輪郭を描いて**口紅のにじみを防止したり唇を印象づける**ために使う	着色顔料を多めに配合しており、発色がよい。**固形の油性成分が多く、**かための質感のものが多い

粘度の高い液状の油性成分が中心で、発色が控えめなものは「**リップグロス**」とよばれることが多いよ！

111

〈 リップカラーの仕上がりと特徴 〉

マット

球状粉体などの**体質顔料**が**多め**。揮発する油性成分の配合により、皮膜形成剤と顔料を唇にピタッと密着させます。やや**乾きやすい**傾向があります。

ツヤ

着色顔料が**少なめ**。油性成分が多いため、ツヤあふれる質感になります。また、**パール剤**を加えると、光によるツヤを出すことができます。

ティントリップと普通のリップって何が違うの？

ティントリップは食べたり飲んだりしても色落ちしないため人気です。「ティント」とは「tint＝染める」という意味で、一般的に染料を配合したものをさします。染料は角層に浸透し**角層細胞を染めることで発色が持続**します。一方、リップカラーに使われる顔料は**皮膚に吸収されず表面に付着**することで発色するため、摩擦により落ちることがあります。

染料と顔料が配合されたリップカラーの特徴

染料

顔料

メリット	・**落ちにくい** ・唇のpHにより色が変わるものがある	・**発色がよい** ・唇への負担が少ない ・色のバリエーションが豊富
デメリット	・乾燥しやすい ・クレンジング料で**落としにくい** ・唇への負担になりやすい	・**落ちやすい** ※処方の工夫により、顔料でも落ちにくいものもある

口紅表面に水滴や白い粉がついても使えるの？

水滴（液状の油性成分）が表面に出てくることを「**発汗**」、表面が白く粉（油性成分の結晶）をふいたように見えことを「**発粉**」というよ。どちらも**長期間の放置により温度変化が繰り返される**ことで、**配合された油性成分が出てくる**ことが原因。使っても問題ないと考えられるけど、長期間放置していたものなら使用前ににおいや色に変化がないか確認しよう。

ボディケア化粧品

顔だけでなく身体もケアすることは、
すこやかな生活を送る上で大切です。
顔とボディの皮膚の違いと、
それに伴う化粧品の特徴を知りましょう。

7 身体の皮膚の特徴

顔と身体の皮膚の違いを知りましょう

身体の皮膚は、基本的な構造は顔と同じですが、**真皮**や**皮下脂肪**が**顔よりも厚**い傾向があります。

身体の皮膚の特徴

〈 全身の部位で違う経皮吸収率 〉

皮膚は部位により角層の厚さが違うため、化粧品や外用薬などの吸収率に差があります。**前腕屈側の吸収量を1とした場合、前額ではその6倍、性器（男性の陰のう）ではその42倍**です。

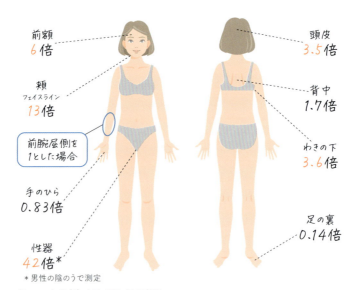

各部位の経皮吸収率の違い

- 前額 6倍
- 頬 フェイスライン 13倍
- 前腕屈側を1とした場合
- 手のひら 0.83倍
- 性器* 42倍
  *男性の陰のうで測定
- 頭皮 3.5倍
- 背中 1.7倍
- わきの下 3.6倍
- 足の裏 0.14倍

＊J Invest Dermatol, 48（2）, 181-183, 1967参照

〈 部位別の特徴 〉

　身体の皮膚は**部位によって角層の厚さや皮脂の分泌量が違う**ため、肌悩みも部位によって異なります。皮脂腺の数は、**頭＞顔＞身体**の順に少なくなり、**手や足の甲**ではさらに少なく、**手のひらや足の裏**には**皮脂腺が存在しません**。皮脂腺が少ない部位は皮脂量も少ないため、しっかり保湿する必要があります。一方、**アポクリン腺**が分布する部位では体臭が発生しやすいため、わきの下やデリケートゾーンなどはしっかり洗い流す必要があります。

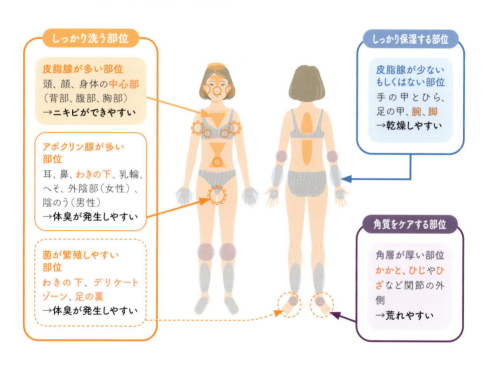

しっかり洗う部位

皮脂腺が多い部位
頭、顔、身体の**中心部**
（背部、腹部、胸部）
→ニキビができやすい

アポクリン腺が多い部位
耳、鼻、**わきの下**、乳輪、へそ、外陰部（女性）、陰のう（男性）
→体臭が発生しやすい

菌が繁殖しやすい部位
わきの下、デリケートゾーン、足の裏
→体臭が発生しやすい

しっかり保湿する部位

皮脂腺が少ないもしくはない部位
手の甲とひら、足の甲、**腕**、**脚**
→乾燥しやすい

角質をケアする部位

角層が厚い部位
かかと、ひじやひざなど関節の外側
→荒れやすい

手が荒れやすいのはなぜ？

手のひらは角層が厚く、手の甲は紫外線が当たりやすい特徴があることに加え、手洗いや家事などの水仕事により**皮脂**や**細胞間脂質、NMF**などの水分保持を担う成分が洗い流されやすいことから、手荒れを起こしやすい部位です。

8 ボディケア化粧品・ハンドケア化粧品

代表的な種類別の目的と機能

03 化粧品の種類と特徴

　ボディケア化粧品は、一般的に**首から下の部位に使用する**ものをさします。落とす化粧品と与える化粧品、その他の化粧品（制汗・防臭や脱毛・除毛用の製品、入浴料、スリミング料など）に分けられます。

検定POINT　ボディケア化粧品

〈 落とすボディケア化粧品（ボディ用洗浄料）〉

　ボディの洗浄料には、顔用と比べ**洗浄力が高くさっぱり**とした仕上がりになるものが多いため、界面活性剤には主に**石けん**系が使用されます。また、敏感肌用としてやさしい洗浄力のアミノ酸系界面活性剤も使われます。

代表的な
ボディ用洗浄料　**固形石けん**

　古くから用いられている代表的なボディ用洗浄料といえば、固形石けんです。成型方法により**保湿力が高く顔用に多い枠練り**石けんと**洗浄力が高くボディ用に多い機械練り**石けんがあります。
※成型方法について詳しくは本書P63参照

石けんは硬水では泡立ちにくいのはなぜ？

硬水で石けんを溶かすと、硬水中のカルシウムやマグネシウムが石けんと結合し、水に溶けない「金属石けん」ができるため、**軟水より硬水では泡立ちにくくなります**。この現象は、石けん系の液体洗浄料でも起こります。

ボディ用洗浄料で洗顔してもOK？

ボディ用洗浄料で洗顔することはおすすめしないよ！ボディ用洗浄料は洗浄力が高めでさっぱりとした仕上がりになるものが多いから、乾燥やつっぱり感を感じたり、目にしみたり苦みを感じる可能性もあるよ。

液体洗浄料（ペースト状または泡状）
使いやすくて泡立ち豊か

　ボディの液体洗浄料は、使いやすさを考えポンプ容器や直接泡で出てくる容器（ポンプフォーマー）などの製品が多いです。界面活性剤は**豊かな泡立ちの石けん系**が中心で、それに加え泡立ちや泡のもち、洗浄力、洗い上がりを調整するため、一般的に**複数の界面活性剤を組み合わせて配合**します。

主な構成成分

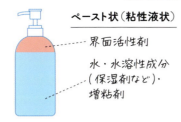
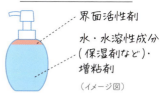

〈 与えるボディケア化粧品 〉

　ボディは顔よりも皮脂腺の数が少なく、特にお風呂上がりは**肌の温度**が高いため**水分**がみるみる蒸発してしまいます。入浴後すぐに保湿ケアをしましょう。

　与えるボディケア化粧品は顔用と比較して、伸び広げやすいなど**身体全体に塗りやすい**よう工夫されています。また、使用後は衣類との接触が想定されることから、適度な保湿効果がありながら、**ベタつかない感触にする**など使いやすさも考慮して開発されています。

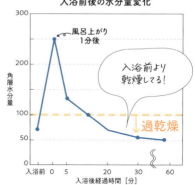

入浴前後の水分量変化

塗りやすくする工夫
・液だれしないよう**ポリマー**などの増粘剤を使用

ベタつきを抑える工夫
・固形や半固形の油性成分の配合量を抑える、**シリコーンオイル**など伸びがよくベタつきにくい感触の液状の油性成分を多く使用する
・ベタつきやすい**保湿剤**の配合量を抑える

液状

半固形

固形

〈 与えるボディケア化粧品の種類と特徴 〉

ボディクリームやボディオイルなどの与えるボディケア化粧品は、皮脂腺が少なく特に乾燥しやすい**かかとやひじ、ひざ**を中心に塗るとよいでしょう。

種類（形状）	特徴	油性成分配合量
オイル	ホホバ種子油やオリーブ果実油、スクワラン、ミネラルオイルなど**液状**でさらっとした油性成分が主成分。ペーストやバームよりもなめらかに伸び、広範囲に塗布しやすい。クリームよりもすべりがよいため、**マッサージ**にも使用できる	多い ↑
ペースト、バーム	**固形**や**シア脂など半固形**の油性成分が多く含まれるため**保湿力**が高い反面、ベタつきを感じることも	
クリーム	油性成分と水溶性成分が含まれ、肌に油分と水分の両方を補うことができる。一般的には**顔用と比べ、ベタつきにくく肌になじみやすい油性成分**が使われる	
ミルク（乳液状）	**クリームよりみずみずしく、伸びがよい**ため手早く全身に塗り広げやすい。ポンプ容器が多い。ベタつきが気になる夏場の乾燥対策にも	
ジェル	**水溶性成分**が中心。**みずみずしくさっぱり**とした使用感で、軽く塗布でき、**清涼感**を感じるものも多い。**日焼け後のほてりケア**にも	
ローション（液状）	**水分**と**保湿剤**を中心に補給する。保湿力はあまり高くないが、**ベタつきがなくさらっと仕上がる**。脂性肌やニキビができやすい人、夏場のクールダウンにも	↓ 少ない

※各種類の基本的な構成成分はスキンケア化粧品と似ています。詳しくは本書P64〜67参照
※油性成分の配合量は目安です。製品ごとに異なります

〈 身体の皮膚のスペシャルケア 〉

身体の皮膚の「スペシャルケア」として、角質ケアのためゴマージュやスクラブ、保湿ケアにもなるボディパックや肌の上ですべりをよくするボディマッサージ用化粧品などがあります。

> 角質ケア

ゴマージュ・スクラブ

粉末や粒子が配合されたもので、軽くマッサージすることで、**余分な角質を取り除きます**。主にクリームやジェル、オイルの形状で、配合されるスクラブはスキンケア化粧品より**粒子が大きなものが多い**です。

※スクラブについて詳しくは本書P71参照

> すべりをよくする

ボディマッサージ用化粧品

マッサージをしやすくするために、**肌の上ですべりをよくする**ための化粧品で、オイルやクリーム、ジェルなどがあります。オイルやクリームには**肌に浸透しにくく、すべりのよい油性成分**が使用されます。またジェルには**増粘剤**が配合され、適度な厚みによりマッサージしやすくする工夫がされています。保湿効果のある美容成分を配合したものや、香りによりマッサージ中にリラックス効果を与え、相乗的な効果が期待できるものもあります。

> 保湿ケア

ボディパック

保湿ケアに加え、**クレイ（泥）が配合され、余分な角質を取り除く**ものもあります。

ハンドケア化粧品

〈 落とすハンドケア化粧品 〉

手指の洗浄料は、消毒を目的として**殺菌剤**を配合した**医薬部外品の固形石けんやハンドウォッシュが多い**です。ポンプ容器のものは、ボディ用洗浄料と比べて**吐出量**（1プッシュで出る量）が**少なく**なっています。

〈 与えるハンドケア化粧品 〉

与えるハンドケア化粧品は、手荒れの防止や改善を目的としたものが多く、クリームやミルク、オイルなどが一般的です。手の摩擦や何度も行う手洗いによる乾燥対策のため、**保湿効果が高いタイプが中心**です。そのほか、水仕事の前に塗ることで**水との直接的な接触を防ぐタイプ**もあります。

	撥水	保湿
使用タイミング	水仕事や手洗いの前	水仕事や手洗いの後、就寝前
特徴	撥水性を高めるため**シリコーンオイル**を配合したものや、**W/O型乳化系**のものが多い	**尿素**などの保湿剤や、**ワセリン**など**肌表面をしっかりカバーする油性成分**がよく配合される。日常生活の妨げにならないよう、ベタつきを抑えたものが多い。手荒れ防止の有効成分を配合した医薬部外品が多い

ボディケア化粧品や ハンドケア化粧品に使われる成分

　ボディケア化粧品やハンドケア化粧品にも、有効成分を配合した医薬部外品があります。身体の肌荒れや手荒れ、ひび・あかぎれを防ぐ目的で保湿剤や抗炎症剤などが、体臭や汗臭を防ぐデオドラント目的やニキビを防ぐ目的、手指の消毒などの目的で殺菌剤が配合されます。

	主目的	成分例	ボディケア化粧品		ハンドケア化粧品	
			落とす	与える	落とす	与える
医薬部外品の場合 有効成分	保湿	尿素	△	○	△	◎
	抗炎症	グリチルリチン酸2K［部グリチルリチン酸ジカリウム］、アラントイン、パンテノール［部D-パントテニルアルコール］、ヘパリン類似物質	○	◎	○	◎
	殺菌	シメン-5-オール［部イソプロピルメチルフェノール］、塩化ベンザルコニウム、サリチル酸	◎	△	◎	△
	血行促進	ビタミンE誘導体［部酢酸DL-α-トコフェロール］	○	◎	○	◎
化粧品の場合 訴求成分	保湿	ヒアルロン酸［化ヒアルロン酸Na］、リピジュア®［化ポリクオタニウム-51］、セラミド［化セラミドNP、セラミドEOPなど］	○	◎	○	◎
	角層の水分保持（エモリエント効果）	ワセリン、シア脂、スクワラン	△	◎	△	○
	余分な角質の吸着	クレイ（泥）［化カオリン、モロッコ溶岩クレイなど］、炭	○	△	○	△

※成分例は、医薬部外品の表示名称を部で、化粧品の表示名称を化で記載しています
※◎、○、△は配合頻度を示すもので、目安です。製品ごとに異なります
※リピジュアは日油株式会社の登録商標です。ポリクオタニウム-51はリピジュア®の化粧品表示名称の一例です

制汗・防臭、脱毛・除毛、スリミング、入浴用のアイテム
その他のボディケア化粧品

体臭の発生

　体臭には、汗臭や腋臭（わきが）、足臭などがあります。これらは、**汗**や**皮脂**、**垢**などに含まれる脂質やタンパク質、アミノ酸などの成分が酸化したり、**皮膚常在菌**によって**分解されたりする**ことで発生した**低級脂肪酸**などのにおい物質が原因です。また、汗を多くかくと肌のpHが上がって皮膚常在菌が繁殖しやすくなり、においやすくなります。

体臭の発生のしくみ

汗・皮脂 ➡ 菌によって分解・酸化 ➡ におい発生

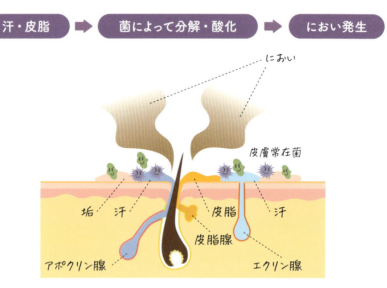

〈 主な体臭の発生部位とにおいの特徴 〉

部位	部位の特徴	においの原因	主なにおいの成分	においの特徴
頭	**皮脂腺**が多く、角質がはがれ落ちた**フケが発生しやすい**	毛髪が周囲のにおいを吸着・凝縮する	ジアセチル、オクタン酸、デカン酸など	蒸れたようなにおいや脂っぽいにおい
わきの下	**アポクリン腺**が多く、汗をかきやすい	汗が乾きにくいため、**菌**が繁殖しやすい	3-メチル-2-ヘキセン酸、酢酸 など	ツンとした酸っぱいにおいやカレーのにおいなど、いくつかのタイプに分けられる。女性よりも男性の方が強い
デリケートゾーン	**アポクリン腺**が多く、汗や皮脂、尿などの排泄物が溜まりやすい。**菌の種類が多い**	下着などにより常に多湿で温かいため、**菌**が繁殖しやすい	アンモニア など	ヨーグルトのような少し酸っぱいにおい
足の裏	**エクリン腺**が特に多く（背中や胸の約5〜10倍）、**角層が厚い**	靴や靴下で密閉されているため**菌**が繁殖しやすい	イソ吉草酸、ジアセチル など	納豆のような独特なにおい

加齢臭の特徴と発生部位

加齢臭とは、中高年に特有の脂くさくて青くさいにおいのことです。においの原因は**2-ノネナール**という成分で、加齢により増加する**皮脂中のパルミトレイン酸**という不飽和脂肪酸が酸化したり、**皮膚常在菌によって分解されたりする**ことで発生します。女性は男性と比べて皮脂量が少ないため加齢臭は少なめですが、女性にも加齢臭はあります。

加齢臭は頭や首の後ろ、耳のまわり、わきの下、身体の中心部など、主に**皮脂腺**が多い部位で発生し、男女ともに**40歳**を過ぎたころから増えていきます。

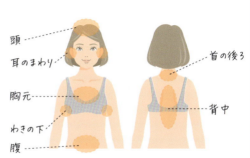

防臭化粧品

体臭を抑える防臭化粧品は「**デオドラント化粧品**」ともよばれます。防臭化粧品の機能は大きく4つに分けられますが、製品ではこれらの機能を複数組み合わされてつくられています。

〈 防臭化粧品の機能 〉

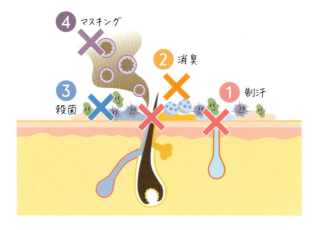

1 汗を抑制する「制汗」機能

収れん作用や毛穴を物理的にふさぐことにより発汗を抑制します。

有効成分	クロルヒドロキシアルミニウム、焼ミョウバンなどのアルミニウム塩	パラフェノールスルホン酸亜鉛 など
作用	収れん	汗をゲル化して汗孔や毛孔を物理的にふさぐ

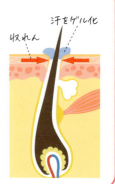

② 発生した体臭を抑える「消臭」機能

発生した体臭の主な原因物質である**低級脂肪酸を中和**したり、**吸着**したりすることで、特異的なにおいを抑えます。

成分	亜鉛華〔卿**酸化亜鉛**〕 ※有効成分として	**多孔質シリカ**などのパウダー
作用	中和	吸着

③ 体臭の原因になる皮膚常在菌の増殖を抑制する「殺菌」機能

体臭の原因物質をつくり出す**皮膚常在菌を殺菌**したり増殖を抑制します。

有効成分	**イソプロピルメチルフェノール**や**塩化ベンザルコニウム**などの殺菌成分

※銀を使用した**抗菌性のある成分**（銀含有アパタイト〔卿**アパサイダーC**〕など）が医薬部外品（腋臭防止剤）に補助的に使用されることがある

④ 香りによる「マスキング」機能

においを包み込んで感じさせにくくする香料を防臭化粧品に配合したり、強い香りの香水やオーデコロンなどを使って体臭を覆い隠します。
オーデコロンに殺菌成分を配合して防臭効果を高めたものは「**デオドラントコロン**」とよばれます。

においを包み込んだり覆い隠すことでもとのにおいを感じさせにくくすることを「**マスキング**」というよ！

検定POINT 《防臭化粧品の種類と特徴》

防臭化粧品には使うシーンや持ち運びやすさなどに合わせた、さまざまなタイプがあります。多くは制汗作用や殺菌作用のある有効成分を含む医薬部外品（腋臭防止剤）ですが、（一般）化粧品もあります。**肌への塗布量が多く密着性が高いほど、効果が高い**とされています。

03 化粧品の種類と特徴 / ボディケア

種類（形状）	タイプ	特徴	効果
スプレー（粉状）	エアゾール	液化ガス（LPG）などの噴射剤に多量の粉体を混ぜ合わせてスプレー缶に充てんしたもの。スプレーすると噴射剤が気体になることにより、温度が下がるため**冷たく**感じる。粉体を多く配合しているため、非常に**さらっとした使用感**	低〜中
固形状	スティック	主に固形の油性成分の中に制汗成分や殺菌成分を配合して固めたもの。**密着力**がすぐれているため**防臭効果の持続性**がある	高
ローション（液状）	ミスト	多量の**エタノール**に保湿剤を加えているため**清涼感にすぐれる**ものが多い。ロールオンでは液だれしないように増粘剤が配合されている	低〜中
ローション（液状）	ロールオン		高
パウダー（粉状）	ジャー（ルース）	フェイスパウダーに近い構成成分だが、**伸びやすべりのよいタルク**を中心に配合しているものが多い	低〜中
パウダー（粉状）	ジャー（プレスト）		

※防臭効果の程度は目安であり、製品ごとに異なります

むだ毛処理製品

むだ毛処理製品は、ワックスなどに毛を固着して（くっつけて）**物理的**に抜く**脱毛料**と、体毛を**化学的**にやわらかく変化させて取り除く**医薬部外品（除毛剤）**があります。

〈 むだ毛処理製品の種類と特徴 〉

	脱毛料（**物理的**除去）	除毛剤（**化学的**除去）

特徴	**ワックス脱毛**ともいわれているもので、脱毛料を**加熱溶解させて体毛に塗布し、固化したら体毛と一緒にはぎ取る**。雑貨が多いが、化粧品もある。 また、常温で用いる脱毛料として、**脱毛粘着テープ**などもある	主に、クリームやペーストに**チオグリコール酸カルシウム**などの還元剤を配合した医薬部外品。ケラチンの**シスチン結合を還元することで化学的に体毛を切断する**。人によっては炎症を起こす場合がある。 体毛が隠れる程度まで塗布し、5〜8分放置後、取り除く。使用後はよく洗い流し保湿することが重要 **チオグリコール酸カルシウム** 医薬部外品（除毛剤）の有効成分。強アルカリ（pH9〜12）で**毛の主成分であるケラチン**の**シスチン結合**を還元し、切断します。パーマ剤の第一剤（還元剤）としても使われています。
メリット	毛根から抜き取るため、再び毛が生えてくるのに時間がかかる	**表面の毛のみを切断する**ため毛根が傷つかず、毛を抜くような**痛み**がほとんどない
デメリット	毛穴が傷つき、**炎症**や**黒ずみ**などのトラブルや**角層**の一部がはがれ乾燥しやすくなる	すぐに毛が生えてくる。 還元剤の**濃度**や**pH**が高い場合や、塗布後の**放置時間**が長いと刺激が強くなる

脱毛粘着テープ

除毛クリーム

入浴料

入浴料には、冷え性や疲労回復などの効果が表示できる**医薬部外品**(**入浴剤**(**浴用剤**))と、保湿などのスキンケア効果や香りを楽しむ**化粧品**(**浴用化粧料**)があります。

検定POINT 〈 代表的な入浴料の種類 〉

1. 植物系（生薬系）

生薬類をそのまま刻んだものや、生薬から成分を抽出しエキス化した液状のもの、また生薬エキスと無機塩類を組み合わせたものがあります。利用される主な生薬としては、以下のものがあります。

- トウガラシ［化 トウガラシ果実エキス など］
- ショウキョウ［化 ショウガ根エキス など］
- ウイキョウ［化 ウイキョウ果実油 など］
- カミツレ［化 カミツレ花エキス など］
- カンゾウ［化 カンゾウ根エキス など］
- ユズ［化 ユズ果実エキス など］
- トウヨウ［化 モモ葉エキス など］

効果はそれぞれの含有成分によって異なります。これらの植物のなかには**香り**成分を含んでいるものがあり、気分をリラックスさせる作用もあります。

※成分例は化粧品の表示名称を化で記載しています

2. 無機塩類系

もっとも一般的で、温泉成分である**硫酸塩**［部**硫酸ナトリウム**、**硫酸マグネシウム**］、**炭酸塩**［部**炭酸水素ナトリウム**、**炭酸ナトリウム**］、**塩化ナトリウム**などを含んだ医薬部外品が多い。これらの成分が**保温効果や皮膚清浄効果**をもたらします。各地の温泉名になぞらえた名称のものもあります。主な成分は右の2つの効果に分けられます。

〈保温効果〉
硫酸ナトリウム、
硫酸マグネシウム、
塩化ナトリウム

〈皮膚清浄効果〉
炭酸水素ナトリウム、
炭酸ナトリウム

炭酸ガス系

炭酸ガスを発生させるもととなる**炭酸ナトリウム**や**炭酸水素ナトリウム**と、フマル酸やコハク酸などの有機酸を配合。これらの成分がお湯に入れたときに反応して、**炭酸ガス**を発生します。発生した炭酸ガスの一部がお湯に溶け込んで皮膚内に浸透し、**末梢（まっしょう）の毛細血管を拡張させることで血流量を増加**させます。この効果により、同じ温度のさら湯よりもお湯の温度を**2〜3℃高く感じる**とされています。錠剤のものは粉末と比べて炭酸ガスの発生が持続するように工夫されています。

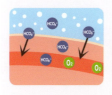
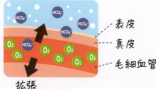

※成分例は医薬部外品の表示名称を部で記載しています

3. 酵素系

無機塩類による皮膚清浄効果に加え、**タンパク質分解酵素**である**プロテアーゼ**［部**蛋白分解酵素**］や**パパイン**などを配合することで、**皮膚表面の余分な角質**などを取れやすくします。**酵素**は水の中では**活性の維持が難しい**ため、形状は主に水を含まない粉末、顆粒、錠剤です。

4. 清涼系

メントールによる**冷感**、**ミョウバン**［化**アルムK**］などによる**収れん作用**によって、特に夏場の入浴を快適にします。形状は液状、粉末、顆粒などがあります。

5. スキンケア系

無機塩類系に**セラミド**［化**セラミドNP、セラミドEOP**など］や油性成分として**ワセリン**や**シア脂**、**ミネラルオイル**などを配合したものがあります。**油性成分**とともに界面活性剤が配合されたものはお湯に入れると乳化して白濁し、入浴によってうるおった**角層にふたをする保湿**効果で皮膚の表面からの**水分**の蒸発を防ぎます。形状は液状が多く粉末もあります。

※成分例は医薬部外品の表示名称を部で、化粧品の表示名称を化で記載しています

肥満のしくみ

肥満とは、体重が重いだけではなく、体脂肪が過剰に蓄積した状態をいいます。体脂肪には**皮下組織にあり体温を保ったりクッションの役割をする**「皮下脂肪」と、**内臓まわりにつき内臓を保護したりエネルギーを貯蔵する**「内臓脂肪」の2種類があります。どちらも脂肪を蓄えているのは<u>脂肪細胞</u>です。

脂肪細胞は全身に分布し、20歳前後の成人では約300億個になるといわれています。エネルギーを過剰に摂取すると脂肪を蓄え、直径で約1.3倍まで大きくなります。**脂肪細胞が脂肪でいっぱいになると細胞分裂によって数が増える**ため、肥満とされる人では約600億個にもなるといわれています。

脂肪細胞

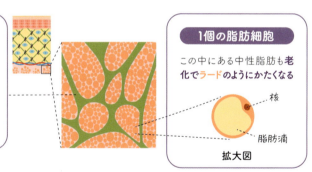

皮下脂肪結合組織

皮下脂肪の集まりは、皮下脂肪結合組織というコラーゲン線維のネットで包まれている。**加齢などでネットの支えが弱まると、たるみになる**

1個の脂肪細胞

この中にある中性脂肪も**老化でラードのようにかたくなる**

核
脂肪滴
拡大図

皮下脂肪は**上半身よりも太ももやお尻などの下半身、男性よりも女性**の方がつきやすいといわれています。

皮下脂肪のセルライトとは？

セルライトとは、**皮膚の表面がオレンジの皮のように凸凹になる状態**。大腿部（だいたいぶ）や臀部（でんぶ）の皮下組織に生じる脂肪を中心としたかたまりで、これに押しつけられ、<u>血管およびリンパ管</u>が細くなる場合も。医学的には脂肪細胞と同じもので、<u>血流</u>や<u>脂肪の代謝</u>についても普通の**脂肪細胞と変わらなかった**ため、区別して扱われないことが多いです。

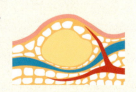

スリミング料

化粧品では、直接的に体脂肪を減らしてスリミング効果を訴求することはできませんが、スリミング料を使用して**マッサージをすることで血行を促進し代謝を高め**たり、**収れん作用で肌を引き締め**たりすることができます。

ボディマッサージ用化粧品

オイルやクリームなどのマッサージをしやすくするための化粧品。脂肪分解を促す成分〔化**カフェイン、海藻エキス**など〕を配合したものがあります。

※詳しくは本書P119参照

ホットジェル

温感効果により皮膚温を上昇させるもの。温感を与えるとともに血行促進作用もある**カプサイシン**〔化**トウガラシ果実エキス**〕や**バニリルブチル**、肌の水分と反応して発熱する**グリセリン**などが配合されたものがあります。グリセリンが多量に配合されたジェルはしっとり重めの使用感です。

引き締め化粧品

メントールや**エタノール**による清涼感による引き締め効果や、皮膜形成剤による即効的なハリ感を高める効果をもたせたものがあります。

※成分例は化粧品の表示名称を化で記載しています

脂肪燃焼のためには有酸素運動の前の筋トレが重要

筋トレ	→	脂肪 → 遊離脂肪酸	→	有酸素運動

成長ホルモンが増える　　成長ホルモンの作用で脂肪が分解され、燃えやすい遊離脂肪酸になる　　脂肪が効率よく燃える！

話しながら走れるくらいのゆっくりペースが脂肪燃焼におすすめだよ

03 化粧品の種類と特徴　ボディケア

ヘアケア化粧品

年齢とともに、
ヘアについても悩みが多くなります。
毛髪の構造や生え変わりなどの
基本的な知識から、頭髪のトラブル、
ヘアケア化粧品に含まれる成分まで
学びましょう。

10 毛髪の構造
毛髪も皮膚の付属器官の1つ

03 化粧品の種類と特徴

　毛髪は、頭髪と体毛のことで、一定の周期（毛周期）を繰り返して生え変わっていますが、成長速度は毛髪の種類や部位により異なります。毛髪は、死んだ細胞からできているため、一度ダメージを受けると外からのお手入れなどをしてももとに戻らず、毛先ほど傷みが進みやすい特徴があります。

検定POINT 毛髪の特徴

　毛髪は、**皮膚表面に出ている部分の「毛幹」**と、**皮膚内部に入り込んでいる部分の「毛根」**に分けられます。

ヘアケア

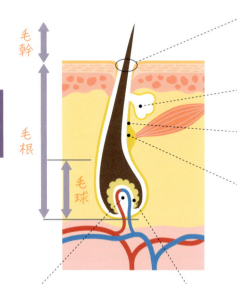

毛孔（もうこう）
皮膚の表面にある毛髪の出口で、**毛穴**ともいいます。すり鉢状になっていて、汚れや皮脂が詰まりトラブルの原因になることも。

皮脂腺
皮脂を分泌する部位。毛包の上部についています。

毛包（もうほう）
毛根を包み、皮膚にしっかりと毛髪を固定しています。皮脂腺や立毛筋が付属しています。

バルジ領域
メラニンをつくるメラノサイト（色素形成細胞）を生み出す「**色素幹細胞**」と毛母細胞のもとになる「**毛包幹細胞**」が存在する領域です。

毛乳頭（もうにゅうとう）
毛髪の**成長を担う司令塔**。毛髪へ**栄養分**を供給するために毛細血管が入り込んでいます。

毛母細胞（もうぼさいぼう）
毛乳頭を通して**血液から栄養と酸素の供給**を受け、**分裂**を繰り返すことで毛髪がつくられ伸びていきます。

毛包幹細胞が減ると脱毛の原因に、色素幹細胞が減ったり機能低下したりすると、白髪の原因になるよ

134

〈 毛髪の構造 〉

毛髪は外側からウロコ状の膜「**毛小皮（キューティクル）**」、弾力性のある「**毛皮質（コルテックス）**」、芯にあたる「**毛髄質（メデュラ）**」の３層から成り立ちます。

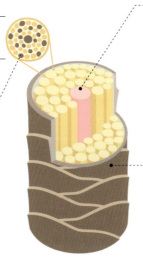

毛皮質（コルテックス）
毛髪の大部分を占め、**繊維状の細胞**からできています。弾力性に富み、この層の状態が**太さ、強さ**など毛質にあらわれます。

メラニン
毛皮質（コルテックス）内にあり、**毛髪の色を決める色素**。
髪の色は、メラニン色素の種類と量で決まります。日本人の毛髪は黒色ないし褐色の**ユーメラニン**が多く含まれます。

毛髄質（メデュラ）
毛のほぼ中心にある比較的**やわらかい部分**で、繊維状にならない個々の細胞が積み重なるようにしてできています。毛髄質（メデュラ）はどの毛にも必ずあるというものではなく、うぶ毛や生後１年くらいまでの乳幼児の毛、白人などの細い毛にはほとんどないといわれています。

毛小皮（キューティクル）
ケラチンという無色透明の**かたいタンパク質**でできています。
毛先に向かって**ウロコ状**に重なり合い、毛皮質（コルテックス）の**タンパク質**や**水分**を逃がさないようにしています。非常に薄い膜で乾燥や摩擦に弱いです。

髪って何からできているの？

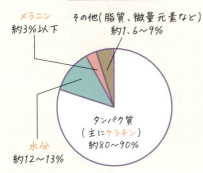

毛髪の約80〜90％は**ケラチン**というタンパク質でできています。毛髪のケラチンには、皮膚と比べて「**シスチン**」というアミノ酸が多く含まれています。これにより、毛髪は**かたく弾性がある性質**をもちます。

> 髪も内部に**水分**があるよ。髪がダメージを受けると**NMF**などによる水分保持力が弱まって乾燥しやすくなるんだ！

＊ Science of wave改訂版 日本パーマネントウェーブ液工業組合技術委員会 P175参照

頭髪の特徴

頭部に生えている毛髪を「頭髪」とよびます。頭髪は**毛髪の中でも太くかたい毛**です。

全体の本数

全部で **約10万本** 生えています。

約10万本

密度

頭皮１cm²の広さに **約130〜220本** 生えています。

毛穴１つあたりの本数

１つの毛穴から **１〜３本** 生えています。

伸びるスピード

１カ月に **約１cm** 伸びます。

自然に抜ける本数

通常、１日で **50〜100本** ほど抜けます。

まつ毛は頭髪より伸びにくい？

まつ毛の伸長速度は、**１日に約0.1〜0.18mm**、**１カ月で約3.0〜5.4mm** しか伸びません。上まつ毛より下まつ毛の方が成長期が短く伸びにくくなっています。まつ毛は頭髪のように長く伸びることはなく、常に一定の長さを保ちつづけます。

> 今、日本で医薬部外品として承認されている**育毛剤は頭髪だけで、まつ毛へのものはないよ！**でも、まつ毛は頭髪に比べ毛根が短く抜けやすいから、美容液でまつ毛の根元の皮膚を整えることで、まつ毛の抜け毛予防が期待できるよ！

03 化粧品の種類と特徴 / ヘアケア

検定POINT 〈 頭髪とまつ毛の毛周期（もうしゅうき） 〉

　毛は常に成長しているわけではなく、一定期間の成長期が過ぎると毛根は細胞分裂をやめて角化を始めます。そうすると毛の成長は止まり、同時に毛根はしだいに表面に押し上げられて脱毛します。そして、また新しい成長期の毛が生えてきます。この**毛の生え変わりを**「**毛周期（ヘアサイクル）**」とよび、**頭髪は 5 ～ 6 年、まつ毛は約 6 ～ 10 カ月**です。

頭髪

成長期初期	成長期中期・後期	退行期	休止期
（脱毛・新生期）	（約 2 ～ 6 年）＊	（約 2 ～ 3 週）	（約 3 ～ 4 カ月）
毛乳頭を抱え込んだ**毛母細胞が分裂・増殖**を繰り返し、新しい頭髪が成長し始め毛包が下がっていきます。古い頭髪は押し上げられ自然に抜けていきます。	毛包が皮下組織に達します。毛球の中では**毛乳頭が毛細血管から活発に栄養を取り込みます**。この栄養分を毛母細胞に供給し、**毛が伸びて太くなります**。	**毛母細胞の分裂が止まり**、毛球が収縮して毛根が押し上げられます。このとき**毛乳頭は毛球から離れ**ていきます。	毛乳頭は丸くなり次の毛芽（毛母細胞のもとになるもの）が活発になるまで待機します。この後、成長期初期にかけて自然に抜け落ちます。

まつ毛

成長期	退行期	休止期
約 4 週間	約 4 週間	約 4 ～ 8 カ月

＊カッコ内の数字は頭髪の目安期間
※頭髪とまつ毛の成長期には個人差があります

頭髪のダメージやトラブル

〈 頭髪にダメージを与えるもの 〉

	原因	ケア
熱	頭髪は熱に弱く、**乾いた状態では160℃以上で毛髄質（メデュラ）内部の繊維構造が変性し、200℃以上では壊れる**。そのため、160℃以上のヘアアイロンなどを繰り返すことで弾力が低下してしまう	ヘアアイロンは短時間で、ドライヤーで**スタイリングするときは10cm以上、乾かすときは20cm以上離して使う**
摩擦	頭髪はぬれていると、毛小皮（キューティクル）が開いてやわらかくなる。そのため、こすれや引っ張るなどの力に対して弱く、**毛小皮（キューティクル）が欠けたりめくれ上がったりしやすくなる**	シャンプーのときはやさしく洗い、タオルドライしてからブローを。髪がぬれたまま寝てしまうのは厳禁。無理なブラッシングも避ける
アルカリ	頭髪はpH3〜6の範囲で最も安定。酸に対しては強いが、**アルカリに対しては比較的弱い**。そのため、ヘアカラーやパーマといった化学処理をすると、**アルカリ剤により毛小皮（キューティクル）の枚数が減り、枝毛や切れ毛の原因にもなる**	ヘアカラーやパーマを同時に行わない。化学処理により**アルカリ性に傾いた頭髪を整える弱酸性のシャンプー**を使い、カラーの流出を防ぐ。また、ダメージケアのためトリートメントを使用する
紫外線 	頭髪にとっても**紫外線**は大敵。紫外線を強く浴びると、**毛小皮（キューティクル）のタンパク質が壊れて毛小皮（キューティクル）の層の間の結びつきが弱まり、浮き上がりやすくなる**。その結果、ガサガサと手触りが悪くなる。また、**メラニンが壊れて流れ出やすくなる**	日傘や帽子、日焼け止めスプレーや紫外線カット効果のあるヘアケア化粧品などで紫外線対策をする

ドライヤーで乾かすよりも自然乾燥の方が髪によい？

髪はすばやく乾かす必要があるので、自然に乾くのを待つのではなく、**ドライヤーを使って乾かしましょう**。髪がぬれている状態では、髪の表面を覆っている**キューティクル**がめくれやすくなり、**水分**や内部の**タンパク質**が抜け出ることで、**パサつきやうねりの原因**になります。また、ぬれたまま放置した髪は**細菌**が繁殖しやすく**においの原因**にも。お風呂からあがったらすぐに髪を乾かしましょう！

〈 ダメージによる頭髪の構造の変化 〉

頭髪がダメージを受け**毛小皮（キューティクル）**が損傷すると、内部の**タンパク質**や**水分**が流れ出やすくなりダメージが進行します。また、ブリーチなどで強い損傷を受けた場合は、その後の洗髪により**メラニンも一部流出する**ことがわかっています。その結果、**毛皮質（コルテックス）の間がスカスカ**になり、弾力（コシ）がなくなったり、ゴワついたり、しなやかさやツヤが低下します。

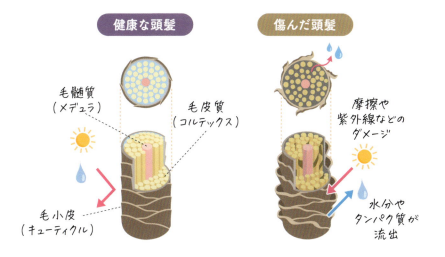

〈 頭髪のトラブル 〉

03 化粧品の種類と特徴

ヘアケア

		状態	原因	ケア
パサつき・切れ毛		毛小皮（キューティクル）がはがれてしまった状態	無理なブラッシングやブローでキューティクルがはがれてしまったり、パーマやカラーの薬剤で髪内部のタンパク質が変性したり、溶け出したりすることでも起こる。紫外線や乾燥の影響で水分を失った場合も起こりやすくなる	毛小皮（キューティクル）を傷つけないように丁寧に扱う。保湿効果のあるトリートメントなどでうるおいを与えるとともに、撥水性が得られるヘアスタイリング料などで保護する
フケ・かゆみ	皮脂（頭皮が脂っぽい）	頭皮の角層細胞がはがれ落ちフケになる。かゆみを伴うことが多い	頭皮は皮脂の分泌量が多く、皮脂や余分な角質、汚れ（シャンプーのすすぎ残しやヘアスタイリング料）がたまりやすい。ストレスによっても皮脂の分泌量が増える。そのため、雑菌が繁殖しやすく、フケ・かゆみのもとになる。また、ターンオーバーが活発な思春期ほど、フケが出やすい	フケの原因菌を殺菌する成分が入ったシャンプーを使う。頭皮を揉み出すように洗い、すすぎをしっかりと行う。引き締め効果、殺菌効果のあるヘアトニックなどで地肌をすっきり整える方法も効果的
	乾燥		洗浄のしすぎなどによる乾燥が原因でフケ・かゆみが起こる	シャンプーの使用を控えお湯のみで洗浄したり、頭皮に水分・油分を補う
頭皮のにおい		蒸れたようなにおいや脂っぽいにおいが発生した状態	頭皮上の皮脂や汗が酸化したり、皮膚常在菌により分解されると、においが発生する	においの原因菌を殺菌する成分が配合されたシャンプーを使う。頭皮クレンジングで毛穴に詰まった皮脂を落とす
白髪		頭髪がメラニンを失った状態	加齢や遺伝のほか、ストレス、薬の副作用、栄養不良などでも増える。個人差があるが30代で増え始めることが多い。遺伝の場合、10代でも増えることがある	根本的に解決する方法は見つかっていない。頭皮の血流が悪くなると毛髪に黒く色をつけるためのメラノサイトの機能が低下するため、予防のためにマッサージなどで頭皮の血行を促進する

薄毛・脱毛

　頭髪は、一定期間の成長が過ぎると**毛母細胞が分裂をやめる**ため、**1日50〜100本程度抜けます**。この毛周期に沿った脱毛は自然な脱毛です。一方、異常な脱毛は、**毛周期が短縮し毛が生え変わりながら軟毛化**して、**脱毛部の頭皮がかたくなっていきます**。この異常脱毛は男性に多く見られますが、女性にも見られ、**性別によって状態のあらわれ方が異なる**ことも特徴です。

検定POINT 〈 異常脱毛の原因 〉

原因1　男性ホルモンと遺伝

男性ホルモンそのものではなく、その一種である**テストステロン**が酵素により、変化した**ジヒドロテストステロン（DHT）**が脱毛スイッチをONに！酵素の量や働きは遺伝の影響を受けます。

原因2　血行不良

冷え性、貧血などにより、**頭部の血行**が悪くなると栄養が毛根へ運ばれず、**毛母細胞が活発に分裂できなくなり、脱毛の原因に。**

健康な状態　　血行不良の状態

原因3　ストレス

ストレスが蓄積されると**自律神経**が不安定になります。その結果、**血行**が悪くなり、**栄養が毛根へ運ばれなく**なるため、毛が細くなったり、脱毛の原因になります。夜ふかし（睡眠不足）もストレスに。

原因4　頭皮の汚れ

フケや**皮脂**などの汚れは**毛穴**にたまりやすく、その汚れが紫外線、細菌、カラーリングなどの影響で酸化されると、毛根部で炎症**を引き起こします**。この炎症が毛母細胞の死を誘発し、脱毛の原因に。

汚れ　皮脂　ダニ　角質

原因5　栄養不良

毛髪は**ケラチン**というタンパク質からできています。栄養が少ないと、**毛母細胞でタンパク質を合成する能力が低下**し、脱毛の原因に。

男性と女性の異常脱毛の違い

	男性型脱毛症（AGA）	女性型脱毛症
分類	1つの毛穴から2〜3本の頭髪が生えているが、うぶ毛化している。頭髪は細いままで成長せずに抜けてしまう	1つの毛穴から生える頭髪が1〜2本と少なく、細い。頭髪は成長するが細く、密度が減少する
特徴	額の生え際や頭頂部などの局所から進行する	男性の薄毛パターンとは異なり、局所的ではなく全体的に薄くなる
発症年齢	始まりは思春期以降で、年齢とともに進行する。15〜25歳ぐらいで頭髪が薄くなる「若年性脱毛症」も	男性と比べて遅く、更年期にさしかかる40代以上が一般的
経過	徐々に成長期が短くなることでうぶ毛化し、さらに休止期にとどまる毛包が多くなることで最終的に頭髪が生えなくなる	成長期の頭髪の割合が減少して、休止期の頭髪の割合が増加することで、頭髪が細くなるとともに密度が減少する
原因	男性ホルモンと遺伝、血行不良、ストレス、栄養不良、頭皮の汚れなど	加齢による女性ホルモンの減少、ダイエット、ストレス、末梢の血行不良など

参考　抜け毛のない人（男女）

1つの毛穴から2〜3本の毛髪が生えており、毛髪が太い。

〈 その他の脱毛 〉

ストレスによる円形脱毛症、頭髪が強く引っ張られる髪型を習慣的に行うことによる牽引性脱毛症、産後脱毛症、ダイエットによる脱毛、抗がん剤などの薬剤の副作用としての脱毛などがあります。

円形脱毛症

ストレスによる自己免疫の過剰反応などが原因で、円形の脱毛が生じます。25歳以下の若い人にあらわれやすい傾向があります。

牽引性脱毛症

ポニーテールのような髪型やヘアカーラーを強く巻く習慣などが長期間繰り返されることで起こります。牽引をやめることで回復します。

産後脱毛症

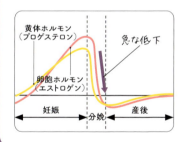

産後、急激に女性ホルモンが減少するために、出産の2～4カ月後に毛髪が抜け始めることが多く、約半数の母親が自覚するといわれています。前頭部から始まり頭髪全体へ、さらに体毛も減少する傾向があります。ほとんどの場合、産後しばらくすると脱毛量がもとに戻ります。

異常脱毛が始まっていないかチェックしよう！

- ☐ 頭皮がかたくなった
- ☐ 髪の毛にハリやコシがなくなってきた
- ☐ かゆみやフケが増えた
- ☐ 抜け毛が多くなった
- ☐ 抜け毛の中に短い毛が多い

11 ヘアケア化粧品
髪と頭皮を健やかに保つ

03 化粧品の種類と特徴

検定POINT シャンプー

髪と頭皮の汚れには、**皮脂**や汗、**余分な角質**、ヘアスタイリング料、外からついた汚れなどがあります。シャンプーは髪を傷めることなくそれらを落とし、**フケ**や**かゆみ**を防ぎます。その際、**頭皮に必要な皮脂**などのうるおいを取りすぎないことも重要です。

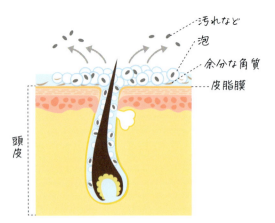

ヘアケア

主な構成成分

シャンプーの主成分は**水**と**界面活性剤**です。界面活性剤は**洗浄力**や**泡立ち、泡の質感**を特徴づけるため、複数組み合わせて配合されます。さらに、**すすぎ時の指通りをよくし、きしみ感を防ぐ**コンディショニング成分も配合されます。そのほかに、中身の色を**光沢のある乳濁色にする場合**には、**パール化剤**として**ジステアリン酸グリコール**などが使用されます。

〈 主な界面活性剤の種類と特徴 〉

	タイプ	洗浄力	特徴	成分の名前の最後、名前の途中につくもの	成分例
アニオン（陰イオン）型	石けん系	強	アルカリ性で洗浄力が強い。専用リンスで中和しないと髪がゴワつき、きしみやすい。パーマが取れやすくヘアカラーの退色がはやいことも	〜石ケン素地	・カリ石ケン素地
				〜酸Na〜酸K	・ラウリン酸K
	サルフェート（硫酸）系	中〜強	泡立ちがよく、硬水でも泡立つ。洗浄力が強いため、脱脂力も強く、刺激を感じる人も	〜硫酸〜	・ラウレス硫酸Na・ラウレス硫酸アンモニウム
	スルホン酸系	中〜強	泡立ちがよく、硬水でも泡立つ。洗浄力がやや強く、泡切れがよい	〜スルホ〜	・オレフィン（C14-16）スルホン酸Na・スルホコハク酸（C12-14）パレス－2Na
	アミノ酸系	弱〜中	弱酸性のものもあり、刺激性が低く、泡立ち、洗浄力は弱い。仕上がりのボリュームが出にくいことも	〜グルタミン酸〜	・ココイルグルタミン酸TEA
				〜アラニン〜	・ラウロイルメチルアラニンNa
				〜タウリン〜	・ココイルメチルタウリンNa
両性イオン（アンホ）型	ベタイン系	やや弱い	刺激性が低く、泡立ちや洗浄力はやや弱い。アニオン型界面活性剤と併用するとアニオン型界面活性剤の刺激を軽減させることも	〜ベタイン	・コカミドプロピルベタイン・ラウリルジメチルアミノ酢酸ベタイン・ラウリルベタイン
				〜アンホ〜	・ココアンホ酢酸Na

※シャンプーの洗浄力は使用する界面活性剤の量や組み合わせ、保湿剤の配合などにより調整されています

145

検定POINT

リンス・コンディショナー・トリートメント

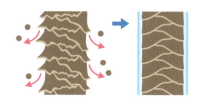

　リンスやコンディショナー、トリートメントは、シャンプー後のケア製品として**髪をなめらかにして指通りをよくしたり、静電気の発生を防いでまとまりやすくしたり、ツヤや質感を改善したりする**などの目的で使用されます。基本的には同じ目的で使うものですが、リンスは**髪の表面を整えてなめらかにし**、コンディショナーやトリートメントはこれらの効果に加え、**髪を補修しうるおいを与える**効果がプラスされているものが多いです。

　また、トリートメントには、シャンプー後すぐに使用して洗い流すインバス（風呂場の中で使う）タイプに加えて、ヘアドライ前や朝のヘアセット時などに使用する洗い流さないアウトバス（風呂場の外で使う）タイプもあります。

主な構成成分

　コンディショニング成分には、主に**カチオン型界面活性剤**や油性成分が使用されます。ダメージを受けた髪は**毛小皮（キューティクル）がはがれ、表面が親水性でマイナス（-）の電気を帯びている**ため、**カチオン**型界面活性剤が**より多く吸着**します。吸着すると髪をやわらかくし、指通りをよくする効果があります。また、訴求成分として頭髪をケアする成分が配合されることが多いです。

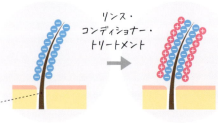

〈 頭髪をケアする成分 〉

特徴	分類	成分例
エモリエント効果で髪をなめらかにする / ドライヤーやヘアアイロンの熱を利用して髪の強度を向上させる	油性成分	ラノリン、アルガンオイル〔化アルガニアスピノサ核油〕、コレステロール、セラミド〔化セラミドNP、セラミドEOPなど〕 / γ-ドコサラクトン
髪に付着して指通りをよくする	シリコーン	ジメチコン、アミノ変性シリコーン〔化アモジメチコン、アミノプロピルジメチコンなど〕
	カチオン性ポリマー	ポリクオタニウム-10
髪に付着して強度を向上させる	タンパク	加水分解コラーゲン、加水分解ケラチン、加水分解卵殻膜、加水分解シルク

※成分例は、化粧品の表示名称を化で記載しています

ノンシリコンとは？

「**シリコーンオイルが配合されていない**」という意味です。ヘアケア化粧品に配合されているシリコーン（正式名称はシリコンではなくシリコーン）オイルは、髪をコーティングし、洗髪やすすぎ時のすべりをよくすることで髪同士の摩擦やからみを軽減し指通りをよくする効果があります。

また、シャンプーやコンディショナーなどに配合されているシリコーンオイルが毛穴に詰まってよくないと考える人もいますが、これらのシリコーンは**すすいだ後に残る量がわずかであること**や、**頭皮の皮脂とはなじまない**という性質のため、**毛穴の詰まりを起こすことはありません**。ただし、トリートメントに配合される付着性の高いアミノ変性シリコーン〔化アモジメチコン、アミノプロピルジメチコンなど〕には、継続使用によって髪へのビルドアップ現象（堆積）が起こり、ゴワつきなどの手触りに影響を与えることがあります。

シリコーンオイルは水で洗い流される

育毛剤

育毛剤は、**医薬部外品に分類**され、有効成分として**血行促進剤**、**毛包賦活剤**などが使われます。また、フケやかゆみを防ぐことで、間接的に脱毛を予防すると考えられています。

かゆみ抑制・抗炎症

かゆみを引き起こすヒスタミンを抑える
- 塩酸ジフェンヒドラミン

頭皮の炎症を防ぐ
- アラントイン
- グリチルリチン酸ジカリウム
- β-グリチルレチン酸

甘草

殺菌

フケの原因菌の繁殖を防ぐ
- ジンクピリチオン液
- ミコナゾール硝酸塩
- ヒノキチオール
- イソプロピルメチルフェノール

ヒバ

血行促進

末梢血管を拡張して血行を促進する
- センブリエキス
- ビタミンE誘導体[部酢酸 dl-α-トコフェロール、ニコチン酸dl-α-トコフェロールなど]
- ニコチン酸アミド

頭皮を刺激して血行を促進する
- トウガラシチンキ
- ショウキョウチンキ

センブリ

トウガラシ

皮脂分泌抑制

頭皮の皮脂分泌を抑える
- ピロクトンオラミン
- 塩酸ピリドキシン

毛周期調整

退行期への移行を抑える
- t-フラバノン[部トランス-3,4'-ジメチル-3-ヒドロキシフラバノン]

脱毛シグナルの働きを抑える
- サイトプリン[部6-ベンジルアミノプリン]

毛包賦活

休止期の毛乳頭を刺激する
- PDG[部ペンタデカン酸グリセリド]

発毛に必要な酵素を活性化する
- ビタミンB₅誘導体[部パントテニルエチルエーテル、D-パントテニルアルコールなど]

毛乳頭細胞などの増殖を促す
- ヒノキチオール
- ニンジンエキス

発毛促進因子の産生を促す
- アデノシン

オタネニンジン

※成分は、医薬部外品の表示名称を部で記載しています。

発毛効果が高い医薬品を選ぶこともできるよ。

日本皮膚科学会の評価	フィナステリド	ミノキシジル	塩化カルプロニウム
	(A)強く勧める	(A)強く勧める	(C1)行ってもよい

ヘアスタイリング料

髪の手触りやまとまりをよくしたり、髪同士を接着・粘着することで固定し、ヘアスタイルをつくったり固定したりするための製品をヘアスタイリング料・整髪料といいます。髪を固定するセット力にはハード（強い）やソフト（弱い）、髪表面の質感にはグロス（ツヤ）やマット、仕上がりのスタイルにはストレート（直毛）やパーマ（カール）などさまざまなタイプがあります。

主な構成成分
- （訴求成分）
- 界面活性剤
- 油性成分（シリコーンなど）
- 水・水溶性成分（保湿剤・増粘剤など）

髪のまとまりをよくするためには、**液状**の**油性成分**や、**やわらかい皮膜をつくる皮膜形成剤**などが使われ、接着・粘着には、**粘性のある保湿剤**や**固形**の**油性成分**、**高分子**が使用されます。

《 使用するタイミングと目的 》

タオルドライ

ヘアドライ

スタイリング

❶ **ヘアドライ前**
- 髪内部の水分を守る
- 髪の表面をなめらかにして整えやすくする
- 熱によるダメージを軽減する

❷ **スタイリング前**
（寝ぐせ直し、ヘアアイロン前など）
- **寝ぐせ**を直す
- **熱**によるダメージを軽減する
- 髪に柔軟性を与え、まとまりやすくする

❸ **スタイリング時・後**
- ヘアスタイルを**固定**し、長持ちさせる
- 髪に**ツヤ**を与える

〈 ヘアスタリング料の種類と特徴 〉

種類（形状）	特徴	①ヘアドライ前	②スタイリング前	③スタイリング時・後
ミスト、ウォーター（液状）	液体を髪に霧状にスプレーして使用するもの。**髪に水分やツヤを与えたり、髪を濡らして形を整えやすくする、寝ぐせを直す、髪の手触りをよくする**	◯	◯	—
オイル	**液状の油が主成分。髪にツヤやなめらかさ、柔軟性を与える。**椿油などの植物油や、サラッとした感触のシリコーンオイルがよく使われる	◯	◯	◯
クリーム、ミルク（乳液状）	**髪になめらかさや柔軟性を与え、**まとまりやすくする	◯	◯	—
ワックス、バーム（ペースト状）	**髪同士を粘着して毛先の動きを固定したり、毛の流れをつけたりする。**ボリュームを出すのにもまとめるのにも使われる。セット力や質感などのバリエーションが豊富で、容器もジャーやチューブなどさまざま。乳化系が多いが、**水分を含まず油性成分のみのものもあり、ヘアバーム**とよぶこともある	—	◯	◯
フォーム（泡状）	エアゾール容器から**泡状**で出てくるので、根元から毛先まで伸ばしやすく、**まんべんなくつけることができる**	—	◯	◯
スプレー（液状）	ほかのスタイリング料よりも**皮膜形成剤**を多く含み、液状樹脂などとともにエアゾール容器に充填したもの。髪の表面に直接噴射して**ヘアスタイルを固定する。製品中の水分が少なく速乾性があるため髪を濡らしすぎず、**整えたヘアスタイルをくずさずに固定することができる。表面をきれいに整えたり、指通りをよくして毛流れを整えたりするものもある	—	—	◯
（水系）ジェル	主に透明な**水系ジェル**で、強いセット力がある。**毛束感を出したり、流れをつけたり、立ち上げたり、まとめるときに使う。**髪に塗布してから乾くまでの間に、髪同士を強力に粘着し、乾くとかたい皮膜になるのでくずれにくい。粘着力の強い皮膜形成剤を使用して水系のヘアワックスとしているものもある	—	◯	◯

03
化粧品の種類と特徴

ヘアケア

150

例題にチャレンジ！

Q 次のうち、繊維状の細胞からなり、この状態が太さや強さといった毛質に影響する毛髪の部位はどれか。最も適切なものを選べ。

1. 毛小皮（キューティクル）
2. メラニン
3. 毛髄質（メデュラ）
4. 毛皮質（コルテックス）

【解答】4

【解説】 毛髪の太さや強さに関係するのは、毛髪の大部分を占める毛皮質（コルテックス）の状態である。毛小皮（キューティクル）が毛髪の太さに占める割合は10分の1程度であり、毛髪の太さにほとんど関係しない。メラニンは毛皮質（コルテックス）の内にある色素のこと、毛髄質（メデュラ）は毛髪のほぼ中心にある比較的やわらかい部分のことで、毛髪の太さや強さには関係しない。

P135で復習！

試験対策は問題集で！
公式サイトで限定販売

美にまつわる
格 言・名 言

女の髪の毛には大象（たいぞう）も繋がる
【ことわざ】

女性の髪の毛でつくった網は、大きな象を繋いで引っ張っても切れないほど強い。
女性の髪には男性の心をひきつける強い力があるというたとえ。
豊かでつややかな髪には、それだけ強い魅力が宿るのです。

ヘアカラーリング製品

03 化粧品の種類と特徴

ヘアケア

	タイプ	特徴
化粧品（染毛料）	**一時染毛料**（毛髪着色料）	塗るだけで手軽に着色することができる。**1度のシャンプーで洗い流すことができ**、かぶれや毛髪の傷みはあまりない
化粧品（染毛料）	**半永久染毛料**（酸性染毛料）	**黒色の毛髪を明るい色にはできない**。雨や汗などで色落ちすることがある。繰り返し染めても、毛髪の傷みはあまりない
医薬部外品（染毛剤）	**永久染毛剤**（酸化染毛剤）*2	染毛力にすぐれ、シャンプーしても色落ちしない。**酸化剤がメラニンを脱色するため**、明るい色にも黒に近い色にも染めることができる。有効成分の酸化染料がかぶれの原因になることも
医薬部外品（染毛剤）	**永久染毛剤**（非酸化染毛剤）	酸化染料でかぶれる人でも使える。**酸化剤を使用しないのでメラニンの脱色作用がなく、明るい色に染めることはできない**。また、パーマがかかりにくいというデメリットもある
医薬部外品（染毛剤）	**脱色剤**	毛髪をはっきりした明るい色にする。毛髪の色素である**メラニンを脱色する**
医薬部外品（染毛剤）	**脱染剤**	毛髪に残った**ヘアカラーによる髪色を取る（脱染する）**ときに使う。ただし、黒く（濃く）染められた色やヘアマニキュアの色を取ることは困難

＊1 色持ちはダメージのない健康な毛髪の場合
＊2 弱酸性タイプの酸性酸化染毛剤は永久染毛剤に含まれます。使用前には必ず説明書を読みましょう

毛髪の色を変えるための製品です。毛髪の表面に色をつけたり、毛小皮（キューティクル）のすき間から毛皮質（コルテックス）へ浸透して染めたりする化粧品（染毛料）と、毛髪内部まで浸透し発色したり脱色したりする医薬部外品（染毛剤）とに分けられます。

染毛のメカニズム	色持ち[1]	種類
着色剤が毛髪の表面に付着する	洗い流すまで	・ヘアマスカラ ・ヘアファンデーション ・ヘアカラースプレー 　など
表面についた酸性染料の一部が、毛皮質（コルテックス）へ浸透して染毛する。一回の使用で染まる	2～4週間	・ヘアマニキュア ・酸性カラー 　（酸性染毛料） ・カラーシャンプー ・カラートリートメント ・カラーリンス 　など
表面についた塩基性染料の一部が、毛皮質（コルテックス）へ浸透して染毛する。繰り返し使用することで徐々に毛髪を染める	洗うたび 徐々に染まる	
酸化剤がメラニンを脱色すると同時に、酸化染料が毛髪中で酸化して発色し、色を定着	染まった部分は 永続的	・ヘアカラー ・ヘアダイ ・白髪染め ・おしゃれ染め 　など
毛髪中で鉄イオンと多価フェノールが黒色の色素をつくり出す	2～4週間	・お歯黒式 　白髪染め
毛髪中のメラニンを酸化して分解する	染毛しない	・ヘアブリーチ ・ヘアライトナー 　など
毛髪中のメラニンと毛髪に残った色素を分解する	染毛しない	・ヘアブリーチ

ネイル化粧品

指先の美しさも
その人の美しさを引き立てる
重要なパーツです。
健康的な爪を保つために
爪の構造や働きを学び、
美しい爪へとつながる
正しいケアを行いましょう。

12 爪の構造

健康のバロメーターでもあり、指先の美しさにも

検定POINT 爪の特徴

爪は、**皮膚の表皮から爪母（そうぼ）によってつくられ角化したもの**で、核のない死んだ細胞でできています。色は無色ですが、下に毛細血管があるためピンク色に見えます。

皮膚との違い

角層と違い**水分を通しやすい**ため、**乾燥しやすい**特徴があります。

厚み

手の爪で**0.3〜0.8mm（女性）**です。**手よりも足の方が厚く、加齢**により厚みを増します。

伸びるスピード

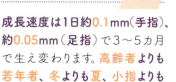

成長速度は1日約**0.1mm（手指）**、約**0.05mm（足指）**で3〜5カ月で生え変わります。**高齢者**よりも**若年者、冬よりも夏、小指**よりも**親指**の方が速く伸びます。

爪の構成成分

爪の主成分は、**ケラチン**というタンパク質です。皮膚と比べ、爪や毛髪は**シスチン**というアミノ酸が多く含まれた**非常にかたいケラチン**で構成されています。

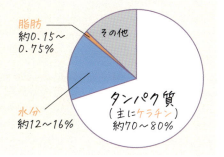

脂肪 約0.15〜0.75％
その他
水分 約12〜16％
タンパク質（主にケラチン）約70〜80％

〈 爪の構造 〉

爪甲(そうこう)は指先の皮膚に密着しており、その先端は離れています。爪の根元の乳白色の部分は爪半月(そうはんげつ)といい、新生した爪の部分です。そのため、爪の根元は皮膚で覆われて保護されています。この皮膚は「キューティクル」や「甘皮(あまかわ)」とよばれています。

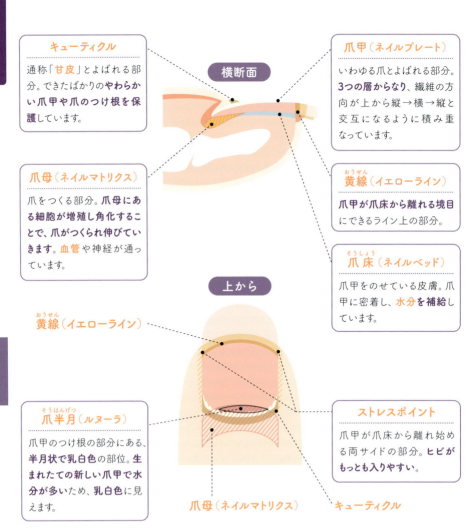

キューティクル
通称「甘皮」とよばれる部分。できたばかりの**やわらかい爪甲や爪のつけ根を保護**しています。

爪母(ネイルマトリクス)
爪をつくる部分。爪母にある細胞が増殖し角化することで、爪がつくられ伸びていきます。**血管**や神経が通っています。

爪甲(ネイルプレート)
いわゆる爪とよばれる部分。**3つの層からなり、繊維の方向が上から縦→横→縦と交互になるように積み重なっています。**

黄線(おうせん)(イエローライン)
爪甲が爪床から離れる境目にできるライン上の部分。

爪床(そうしょう)(ネイルベッド)
爪甲をのせている皮膚。爪甲に密着し、**水分を補給**しています。

ストレスポイント
爪甲が爪床から離れ始める両サイドの部分。**ヒビがもっとも入りやすい。**

爪半月(そうはんげつ)(ルヌーラ)
爪甲のつけ根の部分にある、**半月状で乳白色の部位。生まれたての新しい爪甲で水分が多いため、乳白色に見えます。**

〈 爪の形とトラブル 〉

爪の外観からわかるトラブルの原因とそのケア方法を知りましょう。

種類		原因	ケア
縦筋		主に**老化**と**乾燥**が原因。誰にでも見られるが、加齢とともに増加し、目立ちやすくなることが多い	指先の**マッサージで血行を促す**とともに保湿をする
横溝		主に**甘皮**の切りすぎや押しすぎ、打撲など**外からの衝撃**によるもの	爪の表面を軽く削ってなめらかに整え、ネイルオイルやクリームなどでうるおいを与える
二枚爪		エナメルリムーバー（除光液）の使いすぎや水仕事などによる**乾燥**が原因。爪切りでカットしたままにしておくことや外からの衝撃により生じることも	**爪切り**を使わずエメリーボードで長さを整え、保湿クリームやオイルなどで油分を補う。エナメルリムーバー（除光液）の使用は手早く行い、使用後は手を洗って爪にリムーバーを残さない
ヒビ割れ		爪の**保湿成分**不足、妊娠中や授乳期の爪の**ケラチン**不足、**加齢**による爪の構成成分の減少が原因。ストレスポイントからヒビが入ることが多い	

〈 爪の色とトラブル 〉

トラブルによって色に変化があらわれた場合の対策を知りましょう。

色		原因	対策
黄色		カラーエナメルに配合された**色素の沈着**などが考えられる	ベースコートを使用してからカラーエナメルを使う
緑色（グリーンネイル）		**緑膿菌**（りょくのうきん）は湿った環境を好むため、ジェルネイルをしている場合などに菌が繁殖することで起こる	ジェルネイルはすぐオフし、皮膚科を受診する
白色		カビの一種である**白癬菌**（はくせんきん）による**水虫**（爪白癬）。足ふきマットなどを介して菌が付着し、爪に感染することで起こり、足の爪に多い	しっかり洗い流すことで予防できる。水虫になったときは皮膚科を受診する

※爪の状態は病気のサインになることもあります。なかなか改善しない場合は皮膚科を受診しましょう

13 ネイル化粧品

正しく使って美しい指先をキープしよう

ネイル化粧品

ネイル化粧品は、カラーエナメル、ネイルポリッシュ、ネイルカラー、ネイルエナメル、ネイルラッカーなどとよばれます。また、**手の爪にカラーエナメルを塗ることやその製品のことを**マニキュア、**足の爪の場合には**ペディキュア**とよびます。**

〈 ネイル化粧品の種類と特徴 〉

❶ベースコート
- 爪を保護し、色素沈着を防ぐ
- 爪の表面をなめらかにし、つきをよくする
- カラーエナメルの密着性や発色をよくし、はがれを防ぐ
- 粘度が低めのものが多く、薄く塗ることができる

❷カラーエナメル
- 色や光沢によって爪を美しく彩る
- 爪を覆って保護する
- 溶剤が揮発し皮膜がつくられると、色材が爪に定着する

❸トップコート
- 表面をコーティングすることでカラーエナメルの色や光沢をキープし、割れを防ぐ
- 粘度が低めのものが多く、素早く塗ることができる

❹エナメルリムーバー（除光液）
- ベースコート、カラーエナメル、トップコートなどを除去する

〈 ネイル化粧品の種類と構成成分 〉

ネイル化粧品は**皮膜形成剤**とそれを溶かす**揮発性溶剤**を骨格に、色材や爪をケアする成分などから構成されています。

種類		構成成分
ベースコート（爪を保護する）	色材	**透明**なものや、爪の色を補正するためにわずかに色材を配合した**白**や**ベージュ**、**ピンク**などが多い
	皮膜形成剤	密着性を高めるために、カラーエナメルと比べて**アクリル樹脂**などの皮膜形成剤の割合が多い
	揮発性溶剤	早く乾かすために、**カラーエナメルより揮発性溶剤が多く配合**されている
カラーエナメル（ネイルポリッシュ、ネイルカラー）（爪を彩る）	色材	**着色顔料**や**染料**、**パール剤**、**ラメ**が配合される
	皮膜形成剤	**ニトロセルロース**、**アクリル樹脂**など
	揮発性溶剤	**酢酸エチル**、**酢酸ブチル**など
	その他	爪に塗りやすくするための**増粘剤**や、爪への負担を考慮したネイルケア成分が配合されることも
トップコート（表面をコーティングする）	色材	透明なものが多く、**パール剤**や**ラメ**が配合されることもある
	皮膜形成剤	より強い皮膜に仕上げるために、カラーエナメルと比べて**ニトロセルロース**の割合が多い
	揮発性溶剤	早く乾かすために、**カラーエナメルより揮発性溶剤が多く配合**されている
エナメルリムーバー（除光液）（除去する）	その他	爪の脱水や脱脂を抑えるための水分や保湿剤、油性成分が配合されることもある
	揮発性溶剤	**ほとんどが皮膜形成剤を溶かすための溶剤。アセトンが中心**だが、爪へのダメージを懸念してアセトンフリーのものも。その場合、**酢酸エチル**や**酢酸ブチル**、**イソプロパノール**、**エタノール**などが使用される

※イラストはイメージ図です

コスメ TOPICS

〈 カラーエナメルの基本の塗り方 〉

1 1回とり余分な量を落とす

ボトルのネック部分を使ってハケをしごき、カラーエナメルの量を調整し、**全体**をしっかりとしごきます。

2 断面に塗る

爪を裏側に向け、爪の**厚み部分（断面）**を❶❷のように、**中心に向けて左右から**塗布します。

3 もう1度とりハケの片側をしごく

ボトルのネック部分で**ハケの片側**をしっかりしごきます。ハケの反対側に残ったもので爪に塗布していきます。

※爪の大きさによってハケに残す量を調節しましょう

4 爪表面に塗る

カラータイプ
（ベースコート、トップコート）

中心❸から外側❹❺に向けて、左右均一に塗り進めます。爪の根元側は、ハケをやや立てて塗り、ラインをつなげます。

パールやシアータイプ

パールやシアータイプのカラーエナメルは、**端から❸〜❺**の順に塗布するとムラになりにくく仕上がります。

カラーエナメルは、2度塗りが基本だよ！

ネイルアートを楽しもう

グラデーション

ベースカラーを塗布したあと、先端に違うカラーをぼかしていきます。カラーエナメルが乾かないうちに手早くぼかすのがコツです。1色だけでなく数色をぼかしてもかわいいです。

カラーエナメルの特性を生かしたデザインです。エアーブラシのようなグラデーション効果が手軽に得られます。

マーブル

爪全体にベースカラーを塗布したあと、何カ所かにドット状に別のカラーをおきます。カラーエナメルが乾かないうちにトップコートのハケでバランスよくミックスします。

数色のカラーエナメルを使って表現する大理石模様や、明度差のあるカラーエナメルを合わせることで鮮明なマーブル模様に仕上げたり、色の組み合わせしだいでさまざまなデザインが楽しめます。

03 化粧品の種類と特徴

ネイル

160

ネイルケア化粧品

検定POINT 〈 ネイルケア化粧品の種類と特徴 〉

　ネイルケア化粧品は、爪そのものや爪まわりの皮膚をケアし、指先を美しく保つことを目的に使います。乾燥やエナメルリムーバーによる脱水・脱脂を防いだり、爪表面の余分な角質や汚れを除去したりするものがあります。

種類	特徴
ネイルトリートメント	爪や爪まわりに保湿剤や油分を補う。水系のものやハンドクリームとしても使えるクリーム状のものがある。また、ブラシタイプやロールオンタイプのオイル状のものも
キューティクルリムーバー	キューティクルを傷つけずに美しくかたどるために、爪表面の余分な角質を水酸化カリウム［化水酸化K］などのアルカリや油性成分などでやわらかくして除去しやすくする

※成分例は化粧品の表示名称を化で記載しています

〈 ネイルをケアする成分 〉

　爪に油分や水分を補って、保湿すると同時に柔軟性を保ちます。また、爪を補修するケラチンなどもあります。ネイルケア化粧品を中心に、カラーエナメルやエナメルリムーバーなどのネイル化粧品にも配合されます。

目的	分類	成分例
爪や爪のまわり、甘皮に油分を与えてやわらかくする	油性成分	シア脂、ホホバ種子油、アルガンオイル［化アルガニアスピノサ核油］、スクワランなど
爪に密着して補修する	タンパク系	加水分解コラーゲン、加水分解ケラチン、加水分解シルク
爪や爪のまわり、甘皮にうるおいを与える	保湿剤	ヒアルロン酸［化ヒアルロン酸Na］、グリセリルグルコシド

その他のネイル製品

ネイルサロンでは、ジェルネイルの施術が人気ですが、自宅で手軽にできるセルフジェルネイルやピールオフネイルなども発売され、選択肢が広がっています。

（セルフ）ジェルネイル

ジェルネイルとは、ジェル状の**アクリル樹脂**が**UV-A（紫外線A波）**やブルーライトの照射により硬化する**光重合（フォトポリマリゼーション）**反応を、ネイル素材として応用したものです。カラーエナメルよりもツヤがあり、耐久性もよいのが特徴です。

> ジェルの**硬化不足**（外側は固まっていても内側が固まっていない状態）によって、**かぶれなどのトラブルが起こる**こともあるよ。ライトの照射時間はメーカーによって違うため説明書をよく読んで硬化させる時間を守り、しっかりライトを当てるなどして使用しよう。

はがせるネイル（ピールオフネイル）

塗った後にリムーバーを使わずはがせる（ピールオフできる）製品です。ジェルネイルよりもちがよくありませんが、オフする手間が省略でき、エナメルリムーバーによる爪への負担もありません。

全成分表示がないジェルネイルは雑貨！

ジェルネイルに使用される製品には、雑貨として販売され全成分表示のない製品も存在しました。しかし、2020年9月4日に厚生労働省より「**直接爪に塗布するものは化粧品に該当する**」との見解が示されたことから、直接爪に塗布する**ジェル（ベースジェル）**は化粧品として販売されるようになり、これらには**全成分も表示されています**。

フレグランス化粧品

香りは化粧品を選ぶ際の
重要な要素の1つです。
スキンケア化粧品やメイクアップ化粧品、
ヘアケア化粧品などに香りづけするために
香料が使われますが、
香料を主体とした、香りを楽しむための
フレグランス化粧品もあります。

14 嗅覚のしくみと香料の種類

においの感じ方と香料の分類

においを感じる感覚を嗅覚といいます。**におい物質は分子が小さく揮発性があるもので、40万種類ほどある**といわれており、そのうち**人間は数十万種類以上のにおいを識別できる**とされています。においは記憶だけでなく、身体を調節するしくみ（**自律神経系、内分泌系、免疫系**など）にも影響を与えます。

においの感じ方 〈検定POINT〉

におい物質は❶**鼻の粘膜に溶け込み**❷**嗅毛**でキャッチされ、❸**電気信号**に変わります。この信号が❹**脳の大脳辺縁系**へ伝わると初めてにおいを**認知**し、さらに❺**海馬**では関連する**記憶**がよび起こされます。

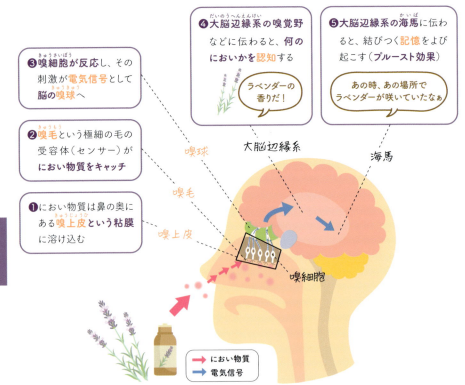

❶におい物質は鼻の奥にある**嗅上皮**という粘膜に溶け込む

❷**嗅毛**という極細の毛の受容体（センサー）が**におい物質をキャッチ**

❸**嗅細胞**が反応し、その刺激が**電気信号**として**脳の嗅球へ**

❹大脳辺縁系の嗅覚野などに伝わると、何のにおいかを**認知**する
「ラベンダーの香りだ！」

❺大脳辺縁系の海馬に伝わると、結びつく**記憶**をよび起こす（**プルースト効果**）
「あの時、あの場所でラベンダーが咲いていたなぁ」

03 化粧品の種類と特徴

フレグランス

化粧品に香りをつける香料

においのなかでも、よいにおいは「香り」とよばれ、香りは化粧品を選ぶ際の重要な要素の１つです。ここでは、化粧品に香りをつけるための香料について学びましょう。

〈 香料の分類 〉

香料は、原料や製法により「**合成香料**」と「**天然香料**」に分類されます。化粧品に香りをつける場合、一般的に**複数の合成香料や天然香料をブレンド（調香）**した「**調合香料**」を使用します。

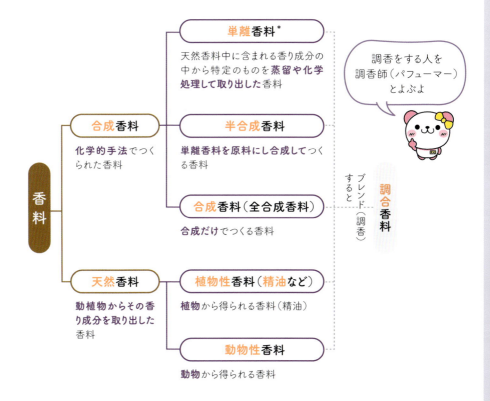

＊日本では単離香料は合成香料に分類されますが、海外では天然香料に分類される場合もあります

〈 植物性香料（精油など）〉

植物性香料は、**植物の花や葉、果実などさまざまな部位から蒸留、抽出、圧搾**などの手段により取り出された香り成分で、**精油**や**エッセンシャルオイル**とよばれます。その抽出方法を紹介します。

圧搾法（コールドプレス法）

オレンジ、レモン、ベルガモットなど

柑橘類の果皮をつぶして搾り取る方法

果実の皮にローラーで強い圧力をかけて搾り取り抽出する。熱に弱い香料を抽出するのに使用される。

水蒸気蒸留法

ローズ、ペパーミント、クローブ、ラベンダーなど

水蒸気により分離・精製する方法

原料になる植物を水蒸気蒸留釜に詰め、加熱。**気化した香料を含む水蒸気を冷却して液体に戻し、水に浮いた香料（精油）を分離**して精製する。

油脂吸着法（冷浸法、アンフルラージュ法）

ジャスミン、チューベローズなど

油脂に香り成分を吸わせる方法

ガラス板に牛脂や豚脂を塗り、その上に花びらを敷き詰め何段にも積み重ねる。熱を加えないで**牛脂や豚脂に花びらの香りを吸着**させ、エタノールで香り成分を抽出する。現在ではほとんど**使われていない**。

溶剤抽出法

ジャスミン、チューベローズ、ローズなど

香り成分を直接溶かし出す方法

原料となる植物を釜に入れ、抽出力の強いヘキサンなどの揮発性溶剤で抽出し濃縮すると、香り成分を含む固形の抽出物（**コンクリート**）が採れる。さらに**エタノール抽出**などの処理を行うと香り成分を含む溶液（**アブソリュート**）になる。低温で処理するため香りが変質せず、実際の花とほぼ同じような香りを抽出できる。

柑橘系（**ベルガモット**、**レモン**、**グレープフルーツ**など）の天然香料には**ベルガプテン**を含むものがあり、皮膚に塗布した状態で**日光などの強い紫外線と反応することによって、皮膚に炎症を起こす**（**光毒性**）ものがあるよ！室内にいるときや夕方以降に使おう！

〈 動物性香料 〉

動物性香料は、**動物の分泌線など特別な部位から抽出した**独特な香り成分で、代表的なものは4種類です。

ムスク	シベット	アンバーグリス	カストリウム
ジャコウジカの雄の生殖腺のうから抽出	ジャコウネコの雄雌の肛門近くにある分泌腺のうから抽出	マッコウクジラの腸内の結石が体外に排出され海上を漂流したものから抽出	カスター（ビーバー）の雄雌の肛門近くにある分泌腺のうから抽出

これらの動物は香料を採取するために乱獲が行われ、その結果、絶滅の恐れがあるとしてワシントン条約により捕獲や取引が禁止されました。さらに、動物愛護の風潮が高まり、**現在は動物性香料はほとんど使用されず、代わりに似た香りのする合成香料が使用**されています。

〈 合成香料と天然香料の違い 〉

合成香料は、天然香料に比べて**供給量や品質、価格などが安定している**ことや、組み合わせることで**全く新しい香りを創造できる**ことなどから、汎用されています。一方、天然香料は合成香料の単一的で安定した香りと異なり、多種の微量な香り成分を含んだ**複雑で奥行きのある香り**が特徴です。

※代表的な合成香料と天然香料は本書P267参照

15 フレグランス化粧品
香りを楽しむ

03 化粧品の種類と特徴

フレグランス化粧品

香料を主体として香りを楽しむための製品をフレグランス化粧品といい、**香料の配合量などに応じて数種類に分類されます**。香料の配合量が多いものは香りが強く、香りのもちもよくなります。それぞれの香料配合率と持続時間の目安を表にまとめました。

種類		香料配合率（賦香率）	ベース	持続時間の目安	特徴
パフューム、パルファム（香水）		15〜30%	エタノールと保留剤	5〜7時間	香料の濃度が高く少量で長く香る
オードパルファム		10〜15%	エタノールと保留剤	4〜6時間	
オードトワレ		5〜10%	エタノールと保留剤	3〜4時間	気軽に使え数時間香りが残る
オーデコロン		1〜5%	エタノールと保留剤	1〜2時間	全身にまとってもライトに香る程度
練り香水		5〜10%	油性成分（ミツロウ・ワセリンなど）	1〜2時間	穏やかに香る。固体で持ち運びに便利
芳香パウダー		1〜2%	パウダー（タルクなど）	1〜2時間	ほのかに香る
香水石けん		1.5〜4%	石ケン素地	1〜2時間	わずかに香る。置物としても

※持続時間はつける量や製品により異なります
※トワレやコロンであっても残香性のある香料が含まれる場合、24時間以上香ることもあります
※フレグランス化粧品の名称は各メーカーが独自に呼び分けることができるため、製品によって異なります

"オー（Eau）"とは？
【オードパルファム】【オードトワレ】【オーデコロン】

フランス語で「オー」は**水**を意味します。香水はエタノールと香料、保留剤の水でできており、「**オーデ（ド）〜**」（**〜の水**）とよばれていたことが発祥とされています。「オー」がつくオードパルファム、オードトワレ、オーデコロンは水が多く含まれるため香料の配合率が低いことをあらわしています。

ハーブやドライフラワーを使った**香り袋**を「**サシェ**」というよ。香水石けんと同様に置物としてほのかな香りを楽しんだり、衣類やランジェリーを入れた引き出しにしのばせて、香りを移して楽しむものだよ。

〈 フレグランス化粧品の構成成分 〉

主な構成成分
- 香料
- 水・水溶性成分（エタノール、増粘剤、界面活性剤など）
（イメージ図）

香料のほかに**溶剤**として**エタノール**が、香料の揮発を遅らせて香りのもちをよくするための**保留剤として水**などが配合されます。酸化などで変質しやすい香料の品質を保持するため紫外線吸収剤や酸化防止剤などが添加されることもあります。必要に応じて色材や増粘剤、香料を可溶化するための界面活性剤なども使われます。

実際の製造では、これらの成分を加え**冷暗所で半年〜1年**以上保管された後に出荷されることが多いよ。保管中に**エタノール**や香料の香りが熟成されてまとまりのある安定した香りになるんだって！

〈 フレグランス化粧品の使い方と注意点 〉

フレグランス化粧品の試し方

通常一度にかぎわけられるのは2、3種類。**手首の内側に軽く1プッシュし、エタノール**をとばした後に鼻から**少し離し、手を静かに動かしながらかぎます。**
肌につけると体温であたためられて実際に使うときのように自然に香りが立ちます。ムエット（匂い紙）を使う場合はフレグランス化粧品をかけた後、**2、3回振って****エタノール**をとばしてからかぎます。

つけるタイミング

香りの中心となるミドルノートが感じられるように、**よい印象を与えたいタイミングの30分位前が目安**です。製品ごとに香り立ちや持続する時間が異なるので、自分のお気に入りのタイミングを日頃から観察しておくと、効果的にフレグランス化粧品を使用できます。

つけ方

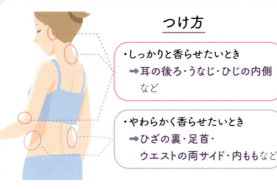

- しっかりと香らせたいとき
  ➡ 耳の後ろ・うなじ・ひじの内側
  　など

- やわらかく香らせたいとき
  ➡ ひざの裏・足首・
  　ウエストの両サイド・内ももなど

※肌が弱い人は、つけすぎないためにコットンにいったん吹きかけてから肌に当てましょう。ハンカチなどにつけてポケットにしのばせるのもよいです

フレグランス化粧品の保管方法

1. **直射日光**は避ける
2. **温度変化**の激しいところを避ける
3. キャップを閉め、**空気**に触れないようにする

フレグランス化粧品の使用期限

開封したら **1年** を目安に使いきりましょう。温度変化が少なく、直射日光の当たらない室温で保管した**未開封のもの**の場合、使用期限は **3年** が目安です。

〈 香りの構成 〉 検定POINT

フレグランス化粧品はさまざまな香料がブレンドされています。揮発性の高い香料は体温ですぐに香り、低いものはゆっくりと長い時間香るため、**グラデーションのように香りが変化していきます**（**香り立ち**）。揮発性の高い順に**トップノート、ミドルノート、ベースノート**から成り立っており、ピラミッド型の図であらわすことができます。

揮発性	構成	特徴	香りの持続時間	主な香りの系統
高 ↑ ↓ 低	**トップ**ノート	最も揮発性の高い香り。フレグランス化粧品の**第一印象**にあたる大切な部分	10～30分間	シトラス系、グリーン系、フルーティー系、ハーバル系
	ミドルノート（ハートノート）	香りの個性が一番出る**中心的**な香り。多くのフレグランス化粧品で、**フローラル**系が香りの骨格となる	30分～1時間	フローラル系
	ベースノート（ラストノート）	香りの**土台**となる部分。揮発性が低く、**香りが消えるまで続く**	2～3時間（6～7時間のものも）	オリエンタル系、ウッディ系、バルサミック系、アニマル系

※グリーン系やハーバル系の中でも、深みのある香りは**ミドルノートとして使用される**ものもあります

〈 香りの分類と特徴 〉

主に使用される香りの分類と特徴について、説明します。

香りの分類	香りの特徴	トップノート	ミドルノート	ベースノート
シトラス	レモン、ベルガモット、オレンジ、グレープフルーツ、マンダリンなどからなる**柑橘系**の香り。新鮮で爽快感があり、**ユニセックスに使用**できる	◎		
グリーン	青葉や茎をもんだときに感じる**青々しい香り**や、**ヒヤシンスのグリーンノートとフローラル系を併せもつ**香り	◎	○	
フルーティー	ベリー系、ピーチ、ペア、アップルなど**柑橘以外の果実**を連想する香り。自然界にある多くのフルーツの香りが研究され、**合成香料を用いて再現**されている	◎		
ハーバル	**薬草（ハーブ類）やスパイス**のような香り。**ローズマリー葉油**や**セージ油**、**スペアミント油**などの天然香料が使われる	◎	○	
アルデハイディック	**合成香料である脂肪族アルデヒド類**の、脂っぽさや粉っぽさのある香り。フローラルと少量合わせて使うことで香りに深みが出る	○		
スパイシー	ピリッとした**スパイス**の香り。クローブ、ペッパー、シナモン、ナツメグなどが代表的	○	○	
フローラル	ローズ、ジャスミン、ミュゲ（すずらん）などの**花の香料を特徴的に使用**したり、また特定の花のイメージをテーマにつくられた香り		◎	
マリン	**海や空**を連想させる香り		○	

※◎、○は使用頻度を示すもので、目安です。製品ごとに異なります

香りの分類	香りの特徴	トップ ノート	ミドル ノート	ベース ノート
オリエンタル	中近東をイメージさせるようなスパイスやバニラ、アンバー、ウッディなどのエキゾティックで甘く重厚な香り			◎
ウッディ	落ち着きを感じさせる木の香り。サンダルウッド、シダーウッド、パチュリ、ベチバーなどが代表的			◎
バルサミック	樹脂の香り。重くて深みのある甘い香り			◎
アニマル （アニマリック）	もともとは動物性香料であるムスク、シベット、アンバー、カストリウムなどの香り。セクシーで濃艶なイメージ			◎
パウダリー	ベビーパウダーを思わせる甘さと清潔感のある女性的な香り		○	○
モッシィ	樫の木をはじめ、マツやモミなどにもつく苔の香り。湿った森林の中を連想させる香り			○
レザー タバック	皮革やタバコを思わせる香り。ワイルドな力強さを感じさせる			○
シプレー	ベルガモットなど柑橘系のトップ、フローラル系のミドル、オークモス（苔）やパチュリなどのベースノートが使われ、複雑なコンビネーションが特徴的な落ち着きのある香り	○	○	○
フゼア	ラベンダーやオークモス、クマリンなどを骨格とした、男性らしいたくましさと清々しさを感じさせる香り	○	○	○

※◎、○は使用頻度を示すもので、目安です。製品ごとに異なります

美にまつわる
格言・名言

香水なしのエレガンスは存在しない。
香水は、見えない、忘れがたい、
そして究極のアクセサリー。

【ココ・シャネル】

画期的な名香を生み出したシャネルの香水への想いがうかがえます。

美しい花に香りがあるように、
美しい女性に香りがあってしかるべき。
あなたの残す香りの痕跡が、
だれかの記憶となるのだから。

【ジャン・ポール・ゲラン】（ゲラン社創業者一族）

香りは、香りそのものに加えて、そのときの記憶と重なって残るもの。
身にまとう人によって香りが変わるのも香水の魅力です。

オーラルケア製品

口腔および
口元の美しさを保つためには、
自然な白い歯、炎症のないピンク色の歯肉
だけではなく、口腔内の汚れや
口臭の発生を防ぐことも大切です。
清潔に保つオーラルケアと
ケア製品について知っておきましょう。

16 歯の構造

口腔内や歯の健康を守るために構造を知ろう

歯は、**生後半年くらいから乳歯**が生え始め、**2歳半頃**に**20本**生えそろいます。その後、6歳頃に乳歯列の後方に永久歯の第一大臼歯が生え始め、乳歯が抜けたところから**順次永久歯**に生え替わります。12歳頃には第一大臼歯の後方に第二大臼歯が生え、**最終的に永久歯（28本）**が生えそろいます。

第三大臼歯（智歯・親知らず）は早ければ18歳頃に生えてきますが、中には横向きに埋まって生えてこない場合もあります。

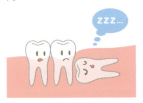
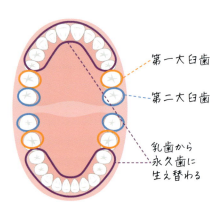

第一大臼歯
第二大臼歯
乳歯から永久歯に生え替わる

歯って何からできているの？

歯のエナメル質の構成成分

- 水分 約2%
- タンパク質など 約3%
- ハイドロキシアパタイト 約95%

歯のエナメル質は、主にリン酸カルシウムの一種である**ハイドロキシアパタイト**と水分、タンパク質などからできています。
ハイドロキシアパタイトは、骨の主要成分でもあり、歯のかたさをつくり出しています。

〈 歯の構造 〉

エナメル質
最表層にあり、身体で最もかたい部分。虫歯になりにくく、虫歯になった場合でもほとんど痛みが出ない

象牙質(ぞうげしつ)
エナメル質の下にあり、歯の大部分を構成。エナメル質より虫歯になりやすく、虫歯になると進行が早い

歯冠部(しかんぶ)
歯肉より上部

歯根部(しこんぶ)
歯肉より下部

歯肉
歯ぐきともよばれる粘膜。健康な歯肉は歯槽骨にしっかりと結合している

歯髄(しずい)
歯の神経組織のことで刺激されると痛みを感じる。「歯の神経を抜く」とは歯髄を摘出することで、歯髄を取ると歯はもろくなり、歯の寿命は短くなる

歯槽骨(しそうこつ)
歯を支えている部分の骨

セメント質
歯根部の表面を覆っている薄くかたい組織。歯根膜をつなぎとめる役割を担う

歯根膜(しこんまく)
歯を支える歯槽骨と歯の間にある、クッションの役割をしている線維状の組織

検定POINT 口腔内と歯のトラブル

プラーク(歯垢(しこう))を放置すると、歯石、虫歯(う蝕(しょく))、口臭、歯周病などのあらゆるトラブルを引き起こします。そのため、**歯のトラブルを防ぐことは、身体の健康維持にもつながる**のです。

プラーク(歯垢)・歯石

口の中の**ミュータンス菌(細菌の一種)**は、**糖質(とくに砂糖)**をエサにして粘性のある物質をつくり、歯の表面に付着します。この物質に多種の細菌が住みつき、大きなかたまりに成長することで**プラーク**になります。**プラーク1mg中に10億個の細菌**がいるといわれています。**薄黄**色で、舌で触るとベトつきやザラつきとして感じられます。正しい歯磨きで落とすことができます。プラークが約2週間、歯の表面についたままになっていると、かたい**歯石**になります。歯石になると歯磨きでは落とせないので、常にプラークを除去する習慣が大切です。

プラーク

虫歯（う蝕）

虫歯は、正式には「う蝕」という病気です。主に細菌が飲食物の糖質から**プラーク**（**歯垢**）や**酸**をつくり出し、これによって歯が溶けることではじまります。プラークが残ったままになっていると細菌が繁殖しやすくなり、酸の量が増えた結果、さらに虫歯が進行します。このように**細菌・糖質・歯の質**（**エナメル質や象牙質の状態**）の3つの条件がそろい、**時間**が経過すると発生リスクが高まります。

虫歯が発生する3つの条件

- **細菌**：プラーク中で糖質をエサに酸をつくり出す
- **糖質**：細菌のエサ
- **歯の質**：エナメル質の厚さや象牙質の状態など歯の強さ
- **時間**：ブラッシングによりプラークが取り除かれずに放置

再石灰化

通常、酸によりエナメル質が溶けても、唾液の働きやフッ化ナトリウム配合の歯磨き剤によりもとの状態に戻ります（**再石灰化**）。しかし、**だらだらと食事し歯磨きをしていない時間が長くなる**、睡眠中で**唾液の分泌量が少ない**などの状態が続くと再石灰化が起こりにくくなり、虫歯になりやすくなります。

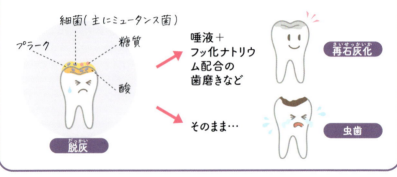

虫歯を予防する歯磨きのポイント

奥歯の溝
奥から前に歯ブラシを動かして磨きましょう。

歯と歯肉の境目
歯ブラシを90度あるいは45度の角度で当て、小刻みに振動させるようにして磨きましょう。

歯と歯の間
歯磨きの最初にデンタルフロスや歯間ブラシを使いましょう。

> プラークの除去率は、ブラッシングのみの場合約60%。でもブラッシングに加えデンタルフロスや歯間ブラシなどを使用することで、約80%まで上げることができるよ。歯間ブラシのサイズは歯科医院で選んでもらうといいよ！

口臭

口臭の原因の80％以上が**口腔**内の気体（**硫化水素**、**メチルメルカプタン**、**ジメチルサルファイド**など）にあるといわれています。

生理的口臭	外因的口臭	病的口臭	
・舌苔（ぜったい） ・唾液分泌の減少による細菌増殖など	・ニンニク ・アルコール など	**口腔由来** ・歯周病 ・進行した虫歯など	**全身由来** ・代謝性、耳鼻咽喉系、呼吸器系の疾患など

←　口臭の原因の80%以上は口腔内由来　→

この中でも、**生理的口臭**はプラークや食べ物のカス、舌苔（舌の表面につく苔のような汚れ）などがにおいのもとなので、**歯ブラシでのブラッシングに加え歯間ブラシ、フロス、舌ブラシなども行うことで予防できます。**

歯周病

歯周病とは、プラークの中に住む細菌が炎症を引き起こすことで、歯肉や歯槽骨が壊されていく病気です。歯肉に炎症が起こっている歯肉炎、炎症が進み歯槽骨が溶け、歯がグラグラになり抜け落ちることもある歯周炎があります。落としきれない汚れを3カ月に1回程度、歯科医院でのクリーニングできれいにすることで、リスクを下げることができます。

正常な歯肉　歯肉炎　歯周炎

着色

毎日歯磨きをしていても、長い年月の間に少しずつ歯が黄ばんだりくすんだりしていきます。着色の原因には、加齢や歯の神経が死ぬことで内部が変色する内因性のものと、コーヒーやカレー、タバコのヤニなどにより歯の表面に色素が付着する外因性のものがあります。外因性の着色汚れ（ステイン）は、飲食後こまめに口をゆすいだり、毎日丁寧な歯磨きを行うことで予防できます。

キシリトールは甘味料なのに虫歯になりにくい？

キシリトールは、ミュータンス菌のエサになっても酸を発生しないことがわかっています。ただし、大量に摂取すると健康リスクにつながることもあるので食べすぎには注意しましょう。

ガムをかむと唾液が出るから、虫歯予防になっていいね！

17

口腔を健やかに保つ

オーラルケア製品

オーラルケア製品は口腔ケア製品ともよばれ、**虫歯や歯周病予防のための歯磨き類が主流**ですが、口臭予防や歯のホワイトニング、知覚過敏対応などの製品もあります。

検定 POINT　歯磨き類

〈 歯磨き類の種類と特徴 〉

分類	種類（形状）	特徴	研磨剤
歯磨き剤＋ブラッシング	タブレット	噛むと泡立つものが多い。**歯で砕いた後に水**で濡らした歯ブラシでブラッシングする。持ち運びに便利	**90%以上**
	潤製（湿った粉状）	歯ブラシに直接つけて使う。タバコのヤニ取りなど**特殊なものが多い**	**70%以上**
	ペースト（トゥースペースト）	最も一般的。爽快感があるものも多く、**泡立ちとすすぎによって、歯磨き実感を得やすい**	**10〜60%**
	ジェル（液状）	ペーストに比べて**研磨剤の量が少なめ**。乳幼児向けのものには**研磨剤無配合**のものもある。歯間ブラシとも併用しやすい	**10〜30%**
	液体（液体歯磨き）	口の隅々まで成分が行き渡るため歯ぐきケアにも効果的。すすいで吐き出した後、**ブラッシング**する	**配合されない**
洗口液	液体	口を爽快にしたり、口臭を防ぐなど歯磨きの**補助的なアイテム**。使用後、水で口をすすぐ必要はない	**配合されない**

181

歯磨き剤（トゥースペースト）

虫歯予防の基本アイテム

歯磨き剤は**基本成分（基剤）**だけで構成されている**化粧品**と、**有効成分***が配合されている**医薬部外品**に分けられます。ほとんどの製品は医薬部外品です。

* 医薬部外品の歯磨き剤の場合は、有効成分が「薬用成分」と記載されていることがあります

03 化粧品の種類と特徴

主な構成成分

（有効成分）

研磨剤（清掃剤）
【目的】プラークやステインを物理的に取り除く
【成分例】リン酸水素カルシウム、水酸化アルミニウム、無水ケイ酸、炭酸カルシウム

湿潤剤（水溶性成分）・精製水
【目的】歯磨き類の水分を保持する
【成分例】グリセリン、ソルビット

発泡剤
【目的】歯磨き時に泡立ち、有効成分を口の中に広めたり、口の中の汚れを落とす
【成分例】ラウリル硫酸ナトリウム、ポリオキシエチレン硬化ヒマシ油

粘結剤
【目的】粉体と液体成分を混ぜ合わせて、適度な粘度を与える
【成分例】カルボキシメチルセルロースナトリウム、アルギン酸ナトリウム、カラギーナン

香味剤
【目的】爽快感や甘み、香りをつけ、歯磨き類を使いやすくする
【成分例】サッカリンナトリウム（甘み）、ℓ-メントール（爽快感）など

（イメージ図）

※成分例は、医薬部外品の表示名称で記載しています

〈 歯磨き類の薬用成分 〉

虫歯の発生・進行の予防
歯質強化作用（耐酸性の向上、再石灰化）
・フッ化ナトリウム など

殺菌作用
・IPMP [部 イソプロピルメチルフェノール]、
・CPC [部 塩化セチルピリジニウム] など

歯石の形成・沈着を防ぐ
歯石予防作用
・ポリリン酸ナトリウム など

※成分例は、医薬部外品の表示名称を部で記載しています

オーラルケア

子どもにもフッ化物でケアを！

生え始めの歯の表面に**フッ化物**（フッ素）を塗布することによって、虫歯に強い歯になります。また、日常的にフッ化物入りの歯磨き剤を使って歯磨きすることで虫歯の予防になりますが、**フッ化物の過剰摂取にならないように年齢に応じて適切な量を使用しましょう。**

年齢	目安となる使用量 （約2cmの歯ブラシで）	フッ化物濃度
歯が生えてから2歳	米粒程度（1〜2mm程度）	1000ppmF
3〜5歳	グリーンピース程度（5mm程度）	1000ppmF
6歳〜成人・高齢者	歯ブラシ全体（1.5cm〜2cm）	1500ppmF

＊「フッ化物配合歯磨剤の推奨される利用方法について」
（日本小児歯科学会・日本口腔衛生学会・日本歯科保存学会・日本老年歯科医学会）

<small>シーンで使い分ける</small>
液体歯磨き、洗口液

液体歯磨きは、歯磨き剤の代わりとして口に含み、**すすいで吐き出した後ブラッシングを行います。洗口液**は、口を爽快にしたり口臭を防ぐために、歯磨き剤でブラッシングした後に**補助的な役割**で使います。どちらも**液体**なので口のすみずみまで行き渡りやすく、**研磨剤**が入っていないため、**知覚過敏**になりにくいという特徴があります。

主な構成成分

- （有効成分）
- 湿潤剤（水溶性成分）・精製水
- 発泡剤・香味剤など

（イメージ図）

虫歯や歯周病予防には液体歯磨き、口臭ケアには洗口液がおすすめだよ。

歯のホワイトニング

ホワイトニングは、**過酸化物（過酸化水素、過酸化尿素など）からなるホワイトニング剤により歯を漂白する方法**で、歯科専門医の診断のもと自由診療で行われています。

ホワイトニングのメカニズム

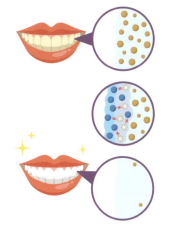

1 歯が変色した状態
歯の内部の色素が多く、歯が黄ばんで見えている状態。

2 ホワイトニングによる色素の分解
薬剤を塗布すると、内部まで染み込んでいき色素を分解。

3 ホワイトニング後の白くなった歯
徐々に色素も減り、透明感のある白い歯になった状態。

〈 ホワイトニングの種類と方法 〉

歯科医院で行うオフィスホワイトニングと、専用のマウスピースをつくり**自宅で行うホームホワイトニング**があります。オフィスホワイトニングは強い作用により即効性がありますが、後戻りしやすい特徴があります。一方、ホームホワイトニングはじっくり時間をかけて行うため即効性はありませんが、効果が長く続きやすいとされています。

	オフィスホワイトニング	ホームホワイトニング
使用する過酸化物	過酸化水素	過酸化尿素
方法	薬剤を歯に塗り、一定時間作用させる 光照射を併用することもある	マウスピースに薬剤を入れて歯に装着する
効果を実感するまでの時間の目安	1〜2時間の施術を1〜3回 最低でも2週間はあけて施術	毎日1〜2時間程度装着して2〜4週間
持続時間の目安*	約3〜6カ月	約1年

*ブラッシングの状況や歯の状態によっても異なります

歯のマニキュア

歯に塗ることで歯を白く見せる製品。主に白色顔料の**酸化チタン**を**ヒドロキシプロピルセルロース**などのポリマーでコーティングします。化粧品と雑貨の両方がありますが、不自然な白さになる場合があります。

その他のオーラルケア製品

入れ歯洗浄剤

入れ歯は汚れがたまりやすく、こまめに手入れをする必要があります。**通常の歯磨き剤などで入れ歯を磨くと、研磨剤により入れ歯の表面に傷がついてしまい、細菌の繁殖を招きやすくなる**ので、入れ歯洗浄剤に**つけ置き**しましょう。**つけ置き**しただけでは汚れは落ちずにたまっていき、固まって**歯石**になることもあるため、歯磨き剤をつけずに**入れ歯用のブラシでブラッシング**をしましょう。**入れ歯洗浄剤は雑貨**です。

マウススプレー

一般的にハッカ油などが配合された、**清涼感の強い香りが特徴の口臭ケア製品**です。粒状やトローチなどもありますが、液状のマウススプレーが多く、洗口液と異なり吐き出さないのが特徴です。食品もありますが、ハッカ油にも含まれる***l*-メントール**が配合され、その**殺菌**作用により口臭の原因となる口内の雑菌を減らすことで、吐き気や口臭などの不快感を防止する**医薬部外品**の**口中清涼剤**もあります。

サプリメント

近年はコンビニや
デリバリーなどで簡便に食事を
摂ることができるようになりましたが、
バランスよく栄養を摂取することは
難しくもなっています。
そのような食生活の中で注目されているのが
サプリメント(健康食品)の存在。
主な成分や効果などを
知っておきましょう。

18 サプリメント

食生活をサポートする健康食品

サプリメント（健康食品）とは、**食事で不足する栄養素を補うもの**を意味します。法律上は医薬品ではなく**食品**に分類されますが、過剰に摂ったり、薬との飲み合わせなどにより不調をきたすこともあるため、正しく理解することが大切です。

医薬品とサプリメントの違い

	医薬品	サプリメント
効果	病気の**治療**や予防を目的としたもので、薬効成分が身体へ働きかける。効能・効果が高い反面、副作用を伴うことがある	身体に必要な栄養素を補い、**健康の維持**、**増進**が目的。健康や美容の維持のために摂る
摂取期間	病気の**治療**や予防のために、服用量・服用期間について**用法用量が個別に指定される**	栄養補助を目的とし、**摂取期間**などに決まりはない。必要に応じて摂る
入手方法	主に、医師が発行する処方せんをもとに病院や薬局、ドラッグストアで受け取る方法（**医療用医薬品**）と、薬局やドラッグストアで購入する方法（**一般用（OTC）医薬品**）の2通りがある。一般用医薬品の一部は**ネットショッピング**でも購入できる	**薬局**や**ドラッグストア**、**スーパー**、**ネットショッピング**などで購入できる

サプリメントにまつわるルール

現在、サプリメントを規制する単独の法律はありませんが、**食品の安全性を守るための基本的な方針に関する食品安全基本法**、品質に関する**食品衛生法**、表示や広告に関する**健康増進法**や**食品表示法**、**景品表示法**などの規制を受けています。

サプリメントを規制する主な法律

	主な内容	製造	販売・営業	表示・広告
食品衛生法	飲食による健康被害の発生を防止	●	●	
健康増進法	虚偽・誇大広告を禁止			●
食品表示法	消費者が購入するときに、正しく理解、選択するための表示を規定			●*
景品表示法	不当表示を禁止、景品類を制限・禁止		●	●

*表示のみ

〈 サプリメントの種類 〉

サプリメントは、国が定めた安全性や有効性に関する基準などに従って**食品の機能性を表示できるもの**（保健機能食品）と、**表示できないもの**（一般食品）に分類されます。

機能性の表示ができない

一般食品
（いわゆる健康食品）
栄養補助食品、健康補助食品、栄養調整食品といった表示で販売されている食品

機能性の表示ができる

保健機能食品
特定保健用食品（トクホ）、栄養機能食品、機能性表示食品の3つがある

	認証方式	対象成分	可能な機能性表示	マーク
特定保健用食品（トクホ）	【個別許可】食品ごとに有効性や安全性などに対して国（消費者庁長官）の審査を受け、許可が必要	許可された成分（体の中で成分がどのように働いているか、というしくみが明らかになっている成分）	健康の維持、増進に役立つ、特定の保健の用途（特定の目的や効果）を表示（疾病リスクの低減に資する旨を含む）【例：糖の吸収を穏やかにします。】	消費者庁許可 特定保健用食品 / 消費者庁許可 条件付き 特定保健用食品
栄養機能食品	【届出不要】国（消費者庁）が定めた一定の基準量の栄養成分が含まれている場合、自己認証	ビタミン13種類 ミネラル6種類 脂肪酸1種類	栄養成分の機能の表示（国が定める定型文）【例：カルシウムは、骨や歯の形成に必要な栄養素です。】	なし
機能性表示食品	【事前届出】販売前に安全性と機能性の科学的根拠などの資料を国（消費者庁長官）に届出し、事業者の責任で表示	届出した成分（体の中で成分がどのように働いているか、というしくみが明らかになっている成分（栄養成分は除く））	健康の維持、増進に役立つ機能性を表示（疾病リスクの低減に資する旨を除く）【例：Aが含まれ、Bの機能があることが報告されています。】	なし

※機能性表示食品は、消費者庁により2015年4月1日から施行された制度です

〈 保健機能食品とその効果 〉

保健機能食品の対象になる栄養成分の効果と、機能表示について知りましょう。

特定保健用食品（トクホ）

関与する成分	栄養機能表示
米胚芽由来 グルコシルセラミド	肌の水分を逃しにくくするため、肌の乾燥が気になる方に適しています。

栄養機能食品

　各栄養成分について基準量が含まれている場合に表示できる機能表示と、各栄養成分が含まれている主な食品の例を紹介します。食事の参考にしましょう。

	栄養成分	栄養機能表示	含有食品（例）
脂溶性ビタミン	ビタミンA	ビタミンAは、夜間の視力の維持を助ける栄養素です。ビタミンAは、皮膚や粘膜の健康維持を助ける栄養素です。	レバー、にんじん、うなぎ、春菊、かぼちゃ
	ビタミンD	ビタミンDは、腸管でのカルシウムの吸収を促進し、骨の形成を助ける栄養素です。	きくらげ、塩辛、舞茸、しらす干し
	ビタミンE	ビタミンEは、抗酸化作用により、体内の脂質を酸化から守り、細胞の健康維持を助ける栄養素です。	たらこ、落花生、ゴマ、アーモンド、植物油
	ビタミンK	ビタミンKは、正常な血液凝固能を維持する栄養素です。	玉露、海苔

栄養成分		栄養機能表示	含有食品（例）
水溶性ビタミン	ビタミンB₁	ビタミンB₁は、炭水化物からのエネルギー産生と皮膚や粘膜の健康維持を助ける栄養素です。	豚肉　米
	ビタミンB₂	ビタミンB₂は、皮膚や粘膜の健康維持を助ける栄養素です。	レバー　しいたけ
	ナイアシン	ナイアシンは、皮膚や粘膜の健康維持を助ける栄養素です。	たらこ　かつお節
	パントテン酸	パントテン酸は、皮膚や粘膜の健康維持を助ける栄養素です。	鶏肉　うなぎ
	ビタミンB₆	ビタミンB₆は、たんぱく質からのエネルギーの産生と皮膚や粘膜の健康維持を助ける栄養素です。	にんにく　マグロ
	ビオチン	ビオチンは、皮膚や粘膜の健康維持を助ける栄養素です。	ブロッコリー　舞茸
	葉酸	葉酸は、赤血球の形成を助ける栄養素です。葉酸は、胎児の正常な発育に寄与する栄養素です。	海苔　モロヘイヤ
	ビタミンB₁₂	ビタミンB₁₂は、赤血球の形成を助ける栄養素です。	しじみ　あさり
	ビタミンC	ビタミンCは、皮膚や粘膜の健康維持を助けるとともに、抗酸化作用を持つ栄養素です。	ブロッコリー　赤ピーマン　キウイフルーツ　柑橘類　アセロラ

栄養成分		栄養機能表示	含有食品（例）
ミネラル	亜鉛	亜鉛は、味覚を正常に保つのに必要な栄養素です。 亜鉛は、皮膚や粘膜の健康維持を助ける栄養素です。 亜鉛は、たんぱく質・核酸の代謝に関与して、健康の維持に役立つ栄養素です。	牛肉　小麦　ラム肉　牡蠣
	カリウム	カリウムは、正常な血圧を保つのに必要な栄養素です。	海藻類　コーヒー　パセリ
	カルシウム	カルシウムは、骨や歯の形成に必要な栄養素です。	エビ　こんにゃく　エンドウ
	鉄	鉄は、赤血球を作るのに必要な栄養素です。	カツオ　納豆　小松菜
	銅	銅は、赤血球の形成を助ける栄養素です。 銅は、多くの体内酵素の正常な働きと骨の形成を助ける栄養素です。	イカ　タコ　紅茶
	マグネシウム	マグネシウムは、骨や歯の形成に必要な栄養素です。 マグネシウムは、多くの体内酵素の正常な働きとエネルギー産生を助けるとともに、血液循環を正常に保つのに必要な栄養素です。	海藻類　バジル　かぼちゃ
脂肪酸	n-3系脂肪酸	n-3系脂肪酸は、皮膚の健康維持を助ける栄養素です。	サバ　イワシ　アマニ油

サプリメントの摂り方

　サプリメントは食品であるため、いつどのように摂るかに決まりはありません。基本的には、消化活動が活発になっている**食後に摂った方が効率よく吸収される**といわれていますが、成分の特性から異なるタイミングで摂ることが推奨されている場合もあります。

種類	摂り方（例）
水溶性ビタミン類	体内に蓄えられる量に限度があるため、1日**2～3回**に分けて**食後**に摂る。**ビタミンC**はコラーゲンの産生を助ける働きがあるため、美容系のサプリメントと同様に**就寝前**に摂るのがよい
脂溶性ビタミン類	**食事中**や**食後**にすぐ摂る。**油分**が多い食品と一緒に摂ると効果的
ミネラル類	**カルシウム**や**マグネシウム**は水に溶けると**アルカリ性**のため、胃酸を中和して消化不良を起こさないよう**食前**に摂る
プロテイン・アミノ酸類　通常時	食品に含まれるタンパク質が優先的に消化・吸収されるため、**空腹時**に摂るのが効果的
プロテイン・アミノ酸類　トレーニング時	**トレーニング直前から直後まで、少しずつ摂る**のがベスト。特に**トレーニング直後から30分間はゴールデンタイム**とよばれる時間帯で、効果が高いとされる
ダイエット系　吸収抑制	糖や脂肪の吸収を抑えるサプリメントは、**食前**や**食後**などが効率的
ダイエット系　食欲抑制	**食前**に摂る
ダイエット系　代謝促進	**運動前**や**運動中**に摂る
美容系	睡眠中には成長ホルモンが活発に分泌され肌が修復されるため、**就寝前**がよい

※一般的な目安であり製品により異なります
※医薬品以外のものには、医薬品との誤認を招かないように摂る①**時間**②**量**③**摂り方**④**対象**を表示することはできません

サプリメントは水と一緒に摂ろう！

水以外の飲み物はサプリメントの作用を阻害したりすることがあるから、**軟水のミネラルウォーター**で摂るのがおすすめ！例えば、お茶、コーヒー、紅茶などに含まれるタンニンが鉄分の吸収を妨げることが知られているよ。

数字をよく見て成分量を Check

サプリメントを選ぶ際、自分が求める**栄養成分が入っているか**に加えてその**成分の含有量**もチェックしましょう。

同じ成分のサプリメントでも下のような表示がある場合、一見Bの製品の方が内容量が多いため成分含有量も多いように見えてしまいます。しかし、成分含有量ではAの方が多いのです。パッケージの表示などから読み取れるようになりましょう。

Aサプリ
内容量300g(100粒)で
1粒にコラーゲン2000mg含有

↓

コラーゲンの量は
2000mg×100粒＝200g

↓

内容量 300g
コラーゲン 200g

Bサプリ
内容量400g(100粒)で
1粒にコラーゲン1000mg含有

↓

コラーゲンの量は
1000mg×100粒＝100g

↓

内容量 400g
コラーゲン 100g

200g ＞ 100g

Aサプリの方がコラーゲンの含有量が多い

美にまつわる
格言・名言

医食同源
【ことわざ】

人間の体は食材から得る栄養素でつくられており、
食事は健康な身体をつくるための基本になる。
「食べるものと、薬になるものの源は同じ」という考え方があります。

思考に気をつけなさい、
それはいつか言葉になるから。
言葉に気をつけなさい、
それはいつか行動になるから。
行動に気をつけなさい、
それはいつか習慣になるから。
習慣に気をつけなさい、
それはいつか性格になるから。
性格に気をつけなさい、
それはいつか運命になるから。

【マザー・テレサ】

資格を取ることで、自分の可能性が広がります。新しい一歩を踏み出してみませんか？
美しくて素敵な未来があなたを待っています。

PART 04

化粧品に まつわるルール

化粧品は肌や髪などに直接触れるもの。
それらを製造、販売し、多くの人に安全に使ってもらうために
さまざまなルールが存在します。
化粧品業界で働きたい人には特に必要な知識です。

パッケージや広告にも
ルールがあるよ！

1 化粧品と医薬品医療機器等法

化粧品の品質と有効性、安全性を守るための法律

薬機法

04 化粧品にまつわるルール

化粧品のルール

〈 医薬品医療機器等法（薬機法）〉

化粧品は主に、**厚生労働省**が所管する「**医薬品、医療機器等の品質、有効性及び安全性の確保等に関する法律**」（略称：**医薬品医療機器等法**（以下、文中では薬機法と記載））により規制されています。

品目	医薬品	医薬部外品	化粧品	医療機器	再生医療等製品
目的	これらの品質、有効性、安全性を確保するために必要な規制を定めて、保健衛生の向上を図ること					
主な対象	上記5つの製品の、製造・輸入・販売・広告を行う会社や個人 ※健康食品や雑貨も、医薬品や化粧品であるかのような訴求をした場合、それを製造、輸入、販売、広告を行う会社も薬機法の適用をうける可能性がある					

厚生労働省が取りまとめています！

薬機法では、**化粧品や医薬部外品の定義、製造、販売、表示、広告、品質**などに関して、さまざまな規制や制度を設けています。薬機法を中心に関連する法律や自主基準についても解説します。

ココから詳しく
解説していくよ！

2
化粧品の定義
P198〜

6
肌トラブル
P228〜
⚠️ PL法

1
薬機法

3
広告・PR
P200〜
景表法　適正広告ガイドライン

5
品質・安全性
P217〜
化粧品基準　日本化粧品工業会自主基準

4
表示
P210〜
公正競争規約

※1〜6の数字は、本テキストPART4.化粧品にまつわるルール内の解説順に合わせています
※各数字に付記したアイコンは化粧品にまつわるルールを定めた法律や規約などを分かりやすくアイコンにしたものです。アイコンを取り囲む形が楕円のものは法律、四角のものは自主基準です。法律と関連している自主基準は法律と同じ色のアイコンになっています

197

2 化粧品の定義
法律で明確に定められています

 薬機法

04 化粧品にまつわるルール

化粧品とは？ 〔検定POINT〕

普段私たちが化粧品とよんでいるもの（いわゆる化粧品）は、薬機法によって「（一般）化粧品」と「薬用化粧品（医薬部外品）」に分けられます。「薬用化粧品」は「医薬部外品」に含まれ、化粧品と医薬品の間に位置づけられます。医薬部外品には、薬用化粧品のほかに染毛剤、パーマネント・ウェーブ用剤、浴用剤、育毛剤、除毛剤などがあります。

医薬部外品

- 薬用化粧品
  例）洗顔料・化粧水・クリーム・美容液など

- 薬用化粧品以外の医薬部外品
  例）殺虫剤・殺そ剤・腋臭防止剤・育毛剤（養毛剤）・染毛剤・パーマネント・ウェーブ用剤・浴用剤・薬用歯磨き類など

いわゆる化粧品

- （一般）化粧品
  例）洗顔料・化粧水・クリーム・美容液など

- 例）ヘアトニック・浴用化粧料・歯磨き類など

医薬部外品の定義

口臭や体臭の防止、あせも・ただれなどの防止、脱毛の防止、育毛や除毛など「特定の目的のために使用されるもの」であって、化粧品と同じく「人体に対する作用が緩和なもの」および厚生労働大臣が指定するもの

（一般）化粧品の定義

「人の身体を清潔にし、美化し、魅力を増し、容ぼうを変え、又は皮膚若しくは毛髪を健やかに保つために、身体に塗擦、散布その他これらに類似する方法で使用されることが目的とされているもの」で「人体に対する作用が緩和なもの」

〈（一般）化粧品と薬用化粧品の違い〉

「薬用化粧品（医薬部外品）」が「（一般）化粧品」と大きく異なるところは、**有効成分は効能・効果が認められた量**が配合されており、その効能・効果（有効性）や安全性について**厚生労働省**が審査、承認しているという点です。そのため、**認められた効能・効果を製品に表示する**ことができます。

品目	認証方式	有効成分の配合	主な目的	例
医薬品	厚生労働大臣の承認	あり	疾病の治療	手足のひび、あかぎれを改善する白色ワセリン（第3類医薬品）
薬用化粧品	厚生労働大臣の承認	あり	肌トラブルの予防	有効成分ビタミンC誘導体を配合した薬用美白オイル
（一般）化粧品	各都道府県への届出	なし	身体を清潔に保ち、見た目を美しくする	肌を保湿するスキンケアオイル
雑貨	なし	なし	香りを楽しむなど	身体に使用しない、香りを楽しむアロマオイル

薬用化粧品の方が美容成分の量が多いの？

薬用化粧品には、**製品ごとに認められた量の有効成分**が配合されており、**承認内容に基づいた効能・効果を表示する**ことができます。一方で、**化粧品は美容成分の量や濃度に規定がない**ため、化粧品メーカーが品質と安全性を担保した上で微量配合したものから薬用化粧品の配合濃度を大きく超えた高濃度のものまでさまざまです。

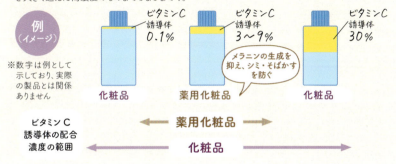

3 化粧品の広告やPRのためのルール
表現や文言に細かい決まりがあります

 薬機法 景表法

04 化粧品にまつわるルール

　化粧品の広告にはどのような表現でも許されているわけではなく、厳しい規制があります。化粧品の広告やPRを行う場合に注意しなくてはならない主な法律は、「**薬機法**」と「**不当景品類及び不当表示防止法**」（略称：**景品表示法**（以下、文中は景表法と記載））の2つです。

医薬品医療機器等法（薬機法）と医薬品等適正広告基準
「薬機法」では主に**虚偽や誇大な広告**を禁止しており、対象者は「**何人も**」。つまり、**広告を行う事業者**だけでなく、**広告代理店**や**アフィリエイター**などの**個人も対象**になります。さらに、厚生労働省では薬機法をわかりやすく解釈するためにどのような広告表現が違反になるのかを「**医薬品等適正広告基準**」としてまとめています。

化粧品等の適正広告ガイドライン
法律ではありませんが、化粧品の業界団体である**日本化粧品工業会**が作成した**自主基準**です。より具体的な判断の目安として、広告表現事例の可否が記されています。

 薬機法

広告って何をさしているの？
薬機法では、3つの項目をすべて満たす場合に「広告」とみなされて表現が規制されることになるよ！

1
顧客を誘引する（顧客の購入意欲を増進させる）意図が明確であること

売りたい（買わせたい）という意図が明らか

2
特定医薬品等の商品名が明らかにされていること

該当する商品名がわかる

3
一般人が認知できる状態であること

消費者が、その情報に接することができる

《 化粧品の広告表現を規制する法律や基準 》

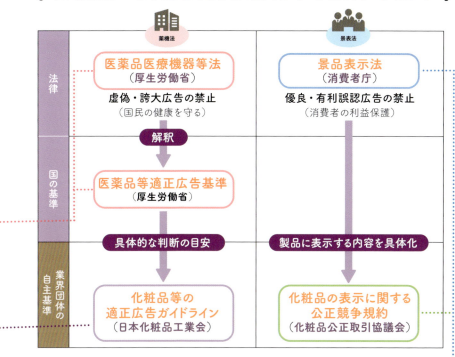

景品表示法（景表法）

消費者庁が所管し、消費者の利益を保護するという観点から、化粧品に限らずすべての商品やサービスを規制しています。**対象者は広告を行う事業者だけ**で、化粧品の広告では、製品を実際よりも**著しくよい（優良）**と見せていないか、価格や購入条件が**著しく有利**だと勘違いさせていないか、がポイントになります。

化粧品の表示に関する公正競争規約

法律ではありませんが、業界がつくる**化粧品公正取引協議会**が作成した**自主基準**です。景表法に基づき、不当に顧客を誘引することを防止する目的で、化粧品への表示に関する具体的な事項やその内容を定めています。

効能・効果の範囲 薬機法

薬機法では、事実であれば標ぼう可能な（一般）化粧品の効能の範囲（P203の表1）や、医薬部外品の効能・効果の範囲（P204の表2、P205の表3）を定めているため、その定められた範囲を超えて表示することができません。誇大な広告によって消費者が効能・効果を誤認し、健康被害を受けることがないよう厳しい規制が設けられているのです。

04 化粧品にまつわるルール

店頭での口頭説明も規制対象になる？

化粧品を販売する際、美容部員の方がお客さまに対して店頭で製品の紹介をすることがありますが、この内容も薬機法の規制対象になります。文字による広告表現だけでなく、口頭での説明も効能・効果の範囲にとどめる必要があります。

表1 《化粧品の効能の範囲》 検定POINT

頭皮・毛髪	(1) 頭皮、毛髪を清浄にする。 (2) 香りにより毛髪、頭皮の不快臭を抑える。 (3) 頭皮、毛髪をすこやかに保つ。 (4) 毛髪にはり、こしを与える。 (5) 頭皮、毛髪にうるおいを与える。 (6) 頭皮、毛髪のうるおいを保つ。 (7) 毛髪をしなやかにする。 (8) クシどおりをよくする。 (9) 毛髪のつやを保つ。 (10) 毛髪につやを与える。 (11) フケ、カユミがとれる。 (12) フケ、カユミを抑える。 (13) 毛髪の水分、油分を補い保つ。 (14) 裂毛、切毛、枝毛を防ぐ。 (15) 髪型を整え、保持する。 (16) 毛髪の帯電を防止する。
皮膚（洗浄）	(17)（汚れをおとすことにより）皮膚を清浄にする。 (18)（洗浄により）ニキビ、アセモを防ぐ（洗顔料）。
皮膚	(19) 肌を整える。 (20) 肌のキメを整える。 (21) 皮膚をすこやかに保つ。 (22) 肌荒れを防ぐ。 (23) 肌をひきしめる。 (24) 皮膚にうるおいを与える。 (25) 皮膚の水分、油分を補い保つ。 (26) 皮膚の柔軟性を保つ。 (27) 皮膚を保護する。 (28) 皮膚の乾燥を防ぐ。 (29) 肌を柔らげる。 (30) 肌にはりを与える。 (31) 肌にツヤを与える。 (32) 肌を滑らかにする。
皮膚	(33) ひげを剃りやすくする。 (34) ひげそり後の肌を整える。 (35) あせもを防ぐ（打粉）。 (36) 日やけを防ぐ。 (37) 日やけによるシミ、ソバカスを防ぐ。[*1]
香り	(38) 芳香を与える。
爪	(39) 爪を保護する。 (40) 爪をすこやかに保つ。 (41) 爪にうるおいを与える。
口唇	(42) 口唇の荒れを防ぐ。 (43) 口唇のキメを整える。 (44) 口唇にうるおいを与える。 (45) 口唇をすこやかにする。 (46) 口唇を保護する。口唇の乾燥を防ぐ。 (47) 口唇の乾燥によるカサツキを防ぐ。 (48) 口唇を滑らかにする。
歯・口中	(49) ムシ歯を防ぐ（使用時にブラッシングを行う歯みがき類）。 (50) 歯を白くする（使用時にブラッシングを行う歯みがき類）。 (51) 歯垢を除去する（使用時にブラッシングを行う歯みがき類）。 (52) 口中を浄化する（歯みがき類）。 (53) 口臭を防ぐ（歯みがき類）。 (54) 歯のやにを取る（使用時にブラッシングを行う歯みがき類）。 (55) 歯石の沈着を防ぐ（使用時にブラッシングを行う歯みがき類）。
皮膚	(56) 乾燥による小ジワを目立たなくする。[*2]

＊2011年通知引用

注1) たとえば、「補い保つ」は「補う」あるいは「保つ」との効能でも可とする
注2) 「皮膚」と「肌」の使い分けは可とする
注3) （ ）内は、効能には含めないが、使用形態から考慮して、限定するものである
＊1 (36)(37)は紫外線カット効果のある化粧品のみ
＊2 (56)は2011年に追加されたもの。日本香粧品学会の「化粧品機能評価法ガイドライン」（効能評価試験）に基づく試験またはそれと同等以上の適切な試験を行い、その効果を確認した場合に限る

この表以外にも、「化粧品くずれを防ぐ」「小ジワを目立たなく見せる」「みずみずしい肌に見せる」などのメイクアップ効果や、「清涼感を与える」「爽快にする」などの使用感については、事実に反しない限り、表示したり広告することができるよ。スキンケアやボディケア化粧品などでも、メイクアップ効果や使用感について事実であれば表現することができるよ。

表2 《薬用化粧品の効能・効果の範囲》 検定POINT

　（一般）化粧品と薬用化粧品（医薬部外品）の表現は一部同じものもありますが、薬用化粧品だけに認められている表現が多くあります。基本的に、**薬用化粧品は承認されれば（一般）化粧品の効能の範囲も表示することができます**が、承認された効能・効果を表示せずに、（一般）化粧品の効能のみを表示することはできません。

04 化粧品にまつわるルール

種類		効能・効果
1. シャンプー		★ふけ・かゆみを防ぐ。　★毛髪・頭皮の汗臭を防ぐ。 毛髪・頭皮を清浄にする。 毛髪・頭皮をすこやかに保つ。　》二者択一 毛髪をしなやかにする。
2. リンス		★ふけ・かゆみを防ぐ。　★毛髪・頭皮の汗臭を防ぐ。 毛髪の水分・脂肪を補い保つ。裂毛・切毛・枝毛を防ぐ。 毛髪・頭皮をすこやかに保つ。　》二者択一 毛髪をしなやかにする。
3. 化粧水		★肌あれ。あれ性。　★あせも・しもやけ・ひび・あかぎれ・にきびを防ぐ。　★油性肌。 ★かみそりまけを防ぐ。　★日やけによるしみ・そばかすを防ぐ。（注1） ★日やけ・雪やけ後のほてりを防ぐ。　肌をひきしめる。肌を清浄にする。肌を整える。 皮膚をすこやかに保つ。皮膚にうるおいを与える。
4. クリーム、乳液、ハンドクリーム、化粧用油		★肌あれ。あれ性。　★あせも・しもやけ・ひび・あかぎれ・にきびを防ぐ。　★油性肌。 ★かみそりまけを防ぐ。　★日やけによるしみ・そばかすを防ぐ。（注1） ★日やけ・雪やけ後のほてりを防ぐ。　肌をひきしめる。肌を清浄にする。肌を整える。 皮膚をすこやかに保つ。皮膚にうるおいを与える。 皮膚を保護する。皮膚の乾燥を防ぐ。
5. ひげそり用剤		★かみそりまけを防ぐ。 皮膚を保護し、ひげをそりやすくする。
6. 日やけ止め剤		★日やけ・雪やけによる肌あれを防ぐ。　日やけ・雪やけを防ぐ。 日やけによるしみ・そばかすを防ぐ。（注1） 皮膚を保護する。
7. パック		★肌あれ。あれ性。　★にきびを防ぐ。　★油性肌。 ★日やけによるしみ・そばかすを防ぐ。（注1） ★日やけ・雪やけ後のほてりを防ぐ。 肌をなめらかにする。　皮膚を清浄にする。
8. 薬用石けん（洗顔料を含む）		＜殺菌剤主剤のもの＞ ★皮膚の清浄・殺菌・消毒。　★体臭・汗臭及びにきびを防ぐ。 ＜消炎剤主剤のもの＞ ★皮膚の清浄、にきび・かみそりまけ及び肌あれを防ぐ。

注1）作用機序によっては、「メラニンの生成を抑え、しみ・そばかすを防ぐ。」も認められる
注2）上記に関わらず、化粧品の効能の範囲のみを標ぼうするものは、医薬部外品としては認められない
※薬用化粧品だけに認められた効能・効果の文頭に★マークをつけています

＊2007年事務連絡引用

以下の効能・効果も新たに承認されたよ！
・皮膚水分保持能の改善（2001年）　・メラニンの蓄積を抑え、しみ・そばかすを防ぐ（2004年）　・皮脂分泌を抑制する（2015年）　・シワを改善する（2016年）　・頭皮の皮膚水分保持能を改善する（2020年）

表3 〈 医薬部外品の効能・効果の範囲 〉

医薬部外品の種類	使用目的の範囲と原則的な剤型		効能又は効果の範囲
	使用目的	主な剤型	効能又は効果
1.口中清涼剤	吐き気その他の不快感の防止を目的とする内服剤である。	丸剤、板状の剤型、トローチ剤、液剤。	口臭、気分不快。
2.腋臭防止剤	体臭の防止を目的とする外用剤である。	液剤、軟膏剤、エアゾール剤、散剤、チック様のもの。	わきが(腋臭)、皮膚汗臭、制汗。
3.てんか粉類	あせも、ただれ等の防止を目的とする外用剤である。	外用散布剤。	あせも、おしめ(おむつ)かぶれ、ただれ、股ずれ、かみそりまけ。
4.育毛剤(養毛剤)	脱毛の防止及び育毛を目的とする外用剤である。	液状、エアゾール剤。	育毛、薄毛、かゆみ、脱毛の予防、毛生促進、発毛促進、ふけ、病後・産後の脱毛、養毛。
5.除毛剤	除毛を目的とする外用剤である。	軟膏剤、エアゾール剤。	除毛。
6.染毛剤(脱色剤、脱染剤)	毛髪の染色、脱色又は脱染を目的とする外用剤である。毛髪を単に物理的に染毛するものは医薬部外品には該当しない。	粉末状、打型状、エアゾール、液状又はクリーム状等。	染毛、脱色、脱染。
7.パーマネント・ウェーブ用剤	毛髪のウェーブ等を目的とする外用剤である。	液状、ねり状、クリーム状、エアゾール、粉末状、打型状の剤型。	毛髪にウェーブをもたせ、保つ。くせ毛、ちぢれ毛又はウェーブ毛髪をのばし、保つ。
8.衛生綿類	衛生上の用に供されることが目的とされている綿類(紙綿類を含む)である。	綿類、ガーゼ。	生理処理用品については生理処理用、清浄用綿類については乳児の皮膚 口腔の清浄・清拭又は授乳時の乳首・乳房の清浄・清拭、目、局部、肛門の清浄・清拭。
9.浴用剤	原則としてその使用法が浴槽中に投入して用いられる外用剤である(浴用せっけんは浴用剤には該当しない)。	散剤、顆粒剤、錠剤、軟カプセル剤、液剤、粉末状、粒状、打型状、カプセル、液状等。	あせも、荒れ性、打ち身、くじき、肩の凝り、神経痛、湿しん、しもやけ、痔、冷え性、腰痛、リウマチ、疲労回復、ひび、あかぎれ、産前産後の冷え性、にきび。
10.薬用化粧品(薬用石けんを含む)	化粧品としての使用目的を併せて有する化粧品類似の剤型の外用剤である。	液状、クリーム状、ゼリー状の剤型、固型、エアゾール剤。	(P204表2を参照)
11.薬用歯みがき類	化粧品としての使用目的を有する通常の歯みがきと類似の剤型の外用剤である。	ペースト状、液状、液体、粉末状、固形、潤製。	歯を白くする、口中を浄化する、口中を爽快にする、歯周炎(歯槽膿漏)の予防、歯肉炎の予防。歯石の沈着を防ぐ。むし歯を防ぐ、むし歯の発生及び進行の予防、口臭の防止、タバコのやに除去、歯がしみるのを防ぐ。
12.忌避剤	はえ、蚊、のみ等の忌避を目的とする外用剤である。	液状、チック様、クリーム状の剤型。エアゾール剤。	蚊成虫、ブユ(ブヨ)、サシバエ、ノミ、イエダニ、トコジラミ(ナンキンムシ)等の忌避。
13.殺虫剤	はえ、蚊、のみ等の駆除又は防止の目的を有するものである。	マット、線香、粉剤、液剤、エアゾール、ペースト状の剤型。	殺虫。はえ、蚊、のみ等の衛生害虫の駆除又は防止。
14.殺そ剤	ねずみの駆除又は防止の目的を有するものである。		殺そ。ねずみの駆除、殺滅又は防止。
15.ソフトコンタクトレンズ用消毒剤	ソフトコンタクトレンズの消毒を目的とするものである。		ソフトコンタクトレンズの消毒。

＊1995年通知引用

検定POINT 化粧品のPR表現で、特に気をつけたいもの

適正広告ガイドライン

04 化粧品にまつわるルール

（一般）化粧品や薬用化粧品を広告するときの基本は、（一般）化粧品の場合は**効能の範囲**、薬用化粧品の場合は**その製品で承認された個々の効能・効果の範囲**を超えた表現や、「肌トラブルが治る」のような**医薬品的な表現をしない**ことです。

ここでは、薬機法の内容について、より具体的な事例を加えて解説した『**化粧品等の適正広告ガイドライン**＊』の内容を見てみましょう。
＊2020年版参照

※表現は言葉だけでなく、文字の大きさや色使い、イラストなど広告全体で判断されるよ。紹介した事例が、いついかなる場合においても問題のない表現であるとは断言できないから注意してね！

1. 成分・原材料

誇大な表現はNG
・「デラックス処方」などは誇大な表現のためNG

不正確な表現はNG
・「各種アミノ酸配合！」のように「各種……」「数種……」は、**不正確な表現**で、誤認させやすいのでNG。ただし、その該当する成分名が具体的に全部併記されている場合は表現できる（以下、可とする）
・「無添加」などの表現を単に表示するのは、**何を添加していないのか不明で不正確な表現のためNG**。ただし、添加していない成分などを明示して、安全性の保証にならなければ可

特定成分の表現は原則NG
・化粧品において特定の成分を表現することは、あたかもその成分が有効成分であるかのような誤解を生じるため、原則としてNG。ただし、特定成分に**配合目的**を併記するなどの場合は可。化粧品で成分の配合目的を表示する際、「肌荒れ改善成分」「抗酸化成分」「美肌成分」「美容成分」「エイジングケア成分」などの表現は、その成分が**有効成分であるかのような誤解を与えたり、効能・効果の範囲を超えたりするためNG**

2．効能・効果

単に「ニキビに」は NG

- 薬用化粧品において、単に「ニキビに」はNG。「○○を防ぐ」という効能・効果で承認を受けているものは、単に「○○に」との表現はしないこと。この場合は「ニキビを防ぐ」なら可

強調表現への使用は NG

- 「すぐれた効果」、「効果大」などをキャッチフレーズなどの強調表現に使用するのはNG

最大級の表現は NG

- 「最高の効果」、「世界一を誇る会社がつくった化粧品」、「効き目No.1」などの最大級の表現はNG。ただし、「売上No.1」などのように効能・効果や安全性に該当しない客観的調査に基づく結果を適切に引用し、出典を明らかにした上で表現するのは可

3．安全性

誤認させるおそれのある表現は NG

- 「敏感肌専用」などの表現は、特定の肌向けであることを強調することにより効能・効果や安全性などを誤認させるおそれがあるためNG。ただし「敏感肌用」「敏感肌の方向け」は可
- 「○○専用」など、特定の年齢層、性別、効能・効果を対象とした表現はNG

【表現可】「子供用」「女性向け」　【表現NG】「子供専用」「女性専用」

保証するような表現は NG

- 「これさえあれば」、「赤ちゃんにも安心」、「安全性は確認済み」などは、効能・効果や安全性を保証するような表現であるためNG

強調して使うのは NG

- 「刺激が少ない」、「低刺激」などの表現は、パッチテストなど客観的に証明されていて、キャッチフレーズなど強調して使わなければ可。

> 他にも！使用できない表現があるよ！
> ✗「お肌の弱い方」　✗「アレルギー性肌の方」
> ✗「刺激がない」　✗「安全な化粧品です」
> ✗「安心素材」

207

効能・効果の範囲を知っておくことが大事だね！

4．美白・ホワイトニング

医薬部外品（薬用化粧品）の場合

- 「メラニンの生成を抑え、シミ・そばかすを防ぐ」という表現は、承認範囲なら可
- 「美白」や「ホワイトニング」などを表現する場合は、注釈などで「メラニンの生成を抑え、シミ・そばかすを防ぐ」などの承認された効能・効果を記載すること
- 「肌全体が白くなる」などの肌本来の色が変化するような表現はNG

（一般）化粧品の場合

- 「美白ファンデーション」などと表示する場合は、「メイクアップ効果により」などの注釈をつければ可
- 紫外線カット効果のある化粧品であれば、「日焼けによるシミ、そばかすを防ぐ」は可

肌を白く見せるファンデーション

5．肌への浸透

効能・効果の逸脱や誇大な表現はNG

- 「肌への浸透」の表現は角層の範囲内であること。「角層へ浸透」「角層のすみずみへ」なら可
- 「肌の奥深く」や「肌内部」などの表現は、注釈で「角層まで」などの説明があっても、角層より深い部分へ浸透する印象を与えるためNG
- 化粧品等が身体に浸透するようなアニメーションを用いる場合は、効能・効果または安全性の保証的表現や虚偽、誇大な表現にならないようにすること
  ※「毛髪への浸透」の表現も、角化した毛髪部分の範囲内で行うこと

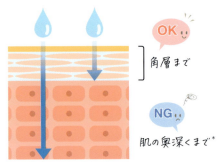

＊薬用化粧品では、作用機序によって角層より下の表皮や真皮までの浸透表現が可能な場合もある

6. エイジングケア

老化防止効果や若返り効果に関する表現はNG

- 「アンチエイジングケア」、「若々しい素肌がよみがえるエイジングケア」など、加齢による老化防止効果や若返り効果に関する表現はNG

- 「エイジングケア」、「年を重ねた肌にうるおいを与えるエイジングケア」などの表現は、**すぐ近くに注釈で**「**年齢に応じたお手入れ**」**と説明をすれば可**

※「エイジングケア」とは、加齢によって変化している現在の肌状態に応じて、化粧品等に認められた効能・効果の範囲内で行う、**年齢に応じた化粧品等によるお手入れ（ケア）**のこととされているよ

- 「エイジングケア成分」は抗老化作用のある**有効成分であるかのような誤解を与えるためNG**

7. 他社誹謗

- 「当社のセラミドは、他社とは違います！」など、化粧品等の品質、効能・効果、安全性その他について、**他社の製品を誹謗するような表現はNG**

- 他社品との**比較**広告はNG。製品同士の比較広告を行う場合は、自社製品の範囲で、その対象製品の名称を明示する場合のみ可

8. 医薬関係者の推せん

「**皮膚科医○○先生推薦！**」など医薬関係者などによる推せん広告は、消費者の認識に与える影響が大きいことから、**事実であったとしてもNG**

4 化粧品の表示

消費者へ正しい情報を伝える

 薬機法
 公正競争規約

04 化粧品にまつわるルール

製品への表示

化粧品の**容器や外箱などのパッケージに必ず表示しなければならない内容**が、主に「**薬機法**」と「**化粧品の表示に関する公正競争規約**」（以下、文中では公正競争規約と記載）で決められています。次の❶～⓬は化粧品に表示が必要な事項です。特に、**薬機法**で定められた表示内容を「**法定表示**」とよび、❶、❹、❺、❻、❼、❽、⓫が該当します。これらは、**日本語**で表記する必要があります。

❶ 製品の名称
❷ 種類別名称
❹ 用法用量
❺ 使用上又は保管上の注意
❽ 製造販売業者の氏名又は名称及び住所
⓫ 製造番号又は製造記号
❸ 内容量
❻ 使用期限
　※日本では3年以上品質が保たれている化粧品には表示しなくてもよい
❼ 全成分の名称
❾ 問い合わせ先
❿ 原産国名
⓬ 識別表示

※（一般）化粧品の場合

〈 必要表示事項 〉

項目	表示内容	規制を受けるルール
❶ 製品の名称	届出した**販売名**	薬機法
❷ 種類別名称（注1）	消費者が商品を選択するための基準となる名称。「公正競争規約」の別表1から選択する	公正競争規約
❸ 内容量	内容量をg、mL、個数などで表示	公正競争規約
❹ 用法用量	使用の際の目安となる**使用量と使い方**	薬機法
❺ 使用上又は保管上の注意	厚生労働省が指定、日本化粧品工業会が定めた**自主基準**に沿った使用上の注意や製品の特性に合わせた保管上の注意	薬機法
❻ 使用期限	製造又輸入後**適切な保存条件のもとで3年以上品質が保持できないもの**について「**年月**」	薬機法
❼ 全成分の名称	**配合されている成分すべての表示名称** ※日本化粧品工業会作成の「化粧品の成分表示名称リスト」を使用することが推奨されている	薬機法
❽ 製造販売業者の氏名又は名称及び住所	**製造販売業者**の名称（個人の場合は氏名）と住所	薬機法
❾ 問い合わせ先	化粧品に表示された事項について、消費者から問い合わせがあった場合、正確かつ速やかに応答できる連絡先（**電話番号**）	公正競争規約
❿ 原産国名	内容物を製造した事業所の所在する国の名称（注2）	公正競争規約
⓫ 製造番号又は製造記号	製品の生産単位ごとにつけられている管理番号（**ロット番号**）	薬機法
⓬ 識別表示	容器・包装に関するリサイクル表示。分別回収を促進するためのマークで、**材質**を示している	容器包装リサイクル法

注1）販売名の中に種類別名称もしくは代わるべき名称が含まれる場合は表示を省略することができる
注2）ここでいう製造とは、中身の製造のこと。ラベルをつける、外装を施す、詰め合わせる、組み合わせるなどの行為だけではNG。ただし、消費者によって明らかに国産品であると認識される場合は表示を省略することができる

検定POINT 化粧品の全成分表示 （薬機法）

　（一般）化粧品は、**薬機法**により**容器や外箱などのパッケージ**に**全成分**を**表示することが義務**づけられています。2001年の規制緩和により、製品の製造・販売に対する承認・許可制度が廃止され、事前に販売名称を届け出ることで企業の自己責任において原則自由に製造・販売できるようになったと同時に、消費者が自分で確認し選べるよう「**全成分表示**」が義務づけられました。

〈 全成分表示のルール 〉

成分の名称

- **日本化粧品工業会**作成の「**化粧品の成分表示名称リスト**」に収載されている表示名称などを用いて、**日本語**で記載する

表示の順序

① 着色剤以外の**すべての成分**を**配合量**の多い順に記載する

② 配合量が**1％以下のもの**は**順不同**で記載してもよい

③ 全成分の最後に**すべての着色剤**を**順不同**で記載する。色展開のあるシリーズのメイクアップ化粧品など、着色剤以外の成分がすべて同じ場合、1色ずつの全成分を記載せず、着色剤以外の全成分の後に「**＋／－**」の記号と、**シリーズ製品に配合されるすべての着色剤**を表示すればよい

＜全成分表示例＞

タルク,ジメチコン,シリカ,ホウケイ酸（Ca／Al）・・・・・・・・・トコフェロール,水酸化Al,ステアリン酸,エチルパラベン,クロルフェネシン,（＋／－）マイカ,酸化チタン,酸化鉄,合成金雲母,硫酸Ba,コンジョウ,赤226

一般的に、全成分表示では、多く配合されている**基剤**がはじめに、次に**訴求成分**、最後に**着色剤**という順番になります。

基剤　　　　　訴求成分　　　　　着色剤

多　←――――――――――――――→　少

※すべてのものに当てはまるわけではありません。配合比率は製品によって異なります

そのほかのルール

- **混合原料・植物エキス**：あらかじめ混ぜ合わせてある原料や植物エキスについては、**混合されている成分や抽出溶媒などを成分ごとに分けて**すべて記載する
- **香料**：複数の香料を着香剤として使用する場合、「香料」とまとめて記載できる
- **キャリーオーバー成分**：配合されている原料に付随する成分で、**製品中にはその効果を発揮しないほどの少ない量しか含まれないもの**（キャリーオーバー成分）であれば**表示義務はない**

> キャリーオーバー成分は、原料の品質を安定させるためにその原料にもともと添加されている成分のことだよ！製品中にはその効果が発揮される量より少ない量しか含まれないんだ。例えば、植物エキスに微量配合されている防腐剤や酸化防止剤があるよ！

全成分表示だけで製品のことがわかる？

化粧品には全成分表示の義務があり、表示順から製品の**おおまかな成分の構成を予測できる**場合があります。しかし、**個々の成分の正確な配合量や、原料としての純度や品質を知ることはできません**。すなわち、全成分が同じであっても、まったく違うものになることもあるのです。

全成分が同じ化粧品

わかること
- 配合成分の**種類**
- **おおまかな構成**
- 自分の肌に合わない成分の配合の有無

わからないこと
- 配合成分の**正確な配合量、純度、品質**
- **製造方法**（添加順序や混ぜる速さ、加熱方法など）

旧表示指定成分とは？

1960年代	化粧品による皮膚トラブルが多発
▼	
1980年	当時の厚生省がアレルギーなどの原因となる可能性が高い102種の成分と香料を指定し、その表示を義務づけた
▼	
2001年	（一般）化粧品においては全成分表示義務化を機に廃止。「旧表示指定成分」とよばれるようになる

※現在は、旧表示指定成分も全成分中に区別なく表示されます

薬用化粧品の成分表示

 薬機法 日本化粧品工業会 自主基準

薬機法において薬用化粧品は、（一般）化粧品のように**全成分表示が義務ではなく**、「**表示指定成分**」のみの表示が義務づけられています。

表示指定成分

※表示指定成分の一覧はP259参照

〈 自主基準による全成分表示の推奨 〉

消費者が（一般）化粧品と同様に自分で製品を選ぶことができるよう、2006年より**日本化粧品工業会が自主基準**として、**薬用化粧品の全成分表示**を推奨しています。そのため、ほとんどの企業がこの基準に従っており、薬用化粧品でも全成分表示しているものが多くなっています。

有効成分

その他の成分 　表示指定成分

全成分表示

※表示指定成分が有効成分でない場合の表示

薬用化粧品の全成分を表示するときの自主基準

成分の名称

・原則、承認書の名称を用いる

※同じ成分でも、薬用化粧品と（一般）化粧品とで表示名称が異なるものがある

＜例＞（化粧品の場合は）**水**、（薬用化粧品の場合は）**精製水**

表示の順序

「**有効成分**」と「**その他の成分**」の2グループに分けて表示する

※薬機法で表示することが義務づけられている表示指定成分は、必ずどちらかのグループに含まれる

＜全成分表示例＞

有効成分：トラネキサム酸・グリチルリチン酸ジカリウム
その他の成分：精製水・1,3-ブチレングリコール・エタノール・ヒドロキシメトキシベンゾフェノンスルホン酸ナトリウム・水素添加大豆リン脂質・メチルパラベン・・・

「**有効成分**」は**承認書の記載順**に表示する

「**その他の成分**」は**すべて順不同**で表示できる

表示指定成分が有効成分でない場合は、その他の成分と一緒に表示されるよ

04 化粧品にまつわるルール

オーガニック化粧品の認証と表示のルール

オーガニックとは「有機の」という意味で、**化学的に合成された肥料や農薬を使用せず、遺伝子組換え技術**なども利用しない栽培方法や加工が基本になっています。日本では、農産物や食品に対して農林水産省による「有機JAS規格」というオーガニックの認証制度がありますが、**化粧品に対して国が定めた制度はありません。**

オーガニック成分を微量配合しただけで「オーガニックコスメ」と表示している製品もあるよ！ 逆に、厳しい基準がある海外のオーガニック認証機関[*1]で認証を取得して**製品にマークを表示している**ものもあるよ。

世界の主なオーガニック団体とその規定

団体名・認証マーク	オーガニック原料の配合率 ※一部の基準を抜粋しています	石油系原料の規定
コスモス[*2]（本部：ベルギー） COSMOS ORGANIC	オーガニック認証：20％以上	一部、使用可能
ネイトゥルー（本部：ベルギー）	オーガニック認証： 自然原料または自然原料由来の95％以上が有機認証された農法で生産されたもの ナチュラル認証： 100％自然原料、自然由来原料、自然同一原料のみからなる	使用不可
USDAオーガニック（本部：アメリカ） USDA ORGANIC	100％オーガニック認証：100％ オーガニック認証：95％以上 ※USDA/NOPの基準に適合した原料であること ※どちらも水と塩を除いた配合率	規定はない
デメター（本部ドイツ） demeter	デメター認証原料を90％以上に加え100％オーガニック原料	使用不可

*1 認証機関とは、ある認証制度の基準に適合しているかを審査して、その基準を満たしていることを認める（認証する）私設団体です

*2 独自の基準で認証していた5つの団体（エコサート、コスメビオ、イチェア、ソイルアソシエーション、BDIH）が認証基準を「コスモス（COSMOS）認証」に統一。2024年9月現在、コスモス認証に対する認証、技術サポート、監査を提供するパートナーは12団体です

* USDAを除きこれらの団体では、本部を含むすべての国の化粧品が認証対象です

〈 ISOに基づいたオーガニック化粧品の表示ルール 〉

日本化粧品工業会では、**化粧品の自然・オーガニック指数を計算するための国際的な基準（ISO16128）**をもとに、製品への指数の表示方法をガイドラインとして制定し、統一化を推進しています。製品に表示された指数を見ることで、**自然・オーガニック成分がどのくらい配合されているか**を知ることができます。

04 化粧品にまつわるルール

表示例　　…自然由来・オーガニック認証成分

〈 その他の認証制度と基準 〉

認証名	制度と基準	認証マーク
ハラル	ハラルとは「イスラム教の教えで許された」という意味。製造環境・工程・品質すべてがイスラム法の基準に則っており、**豚由来の成分や飲料アルコール**などが一切含まれないことを証明	HALAL
ヴィーガン	動物由来成分および動物由来の物質を用いた遺伝子組み換え原料が不使用であること、原料または最終製品で動物実験を行っていないことを証明。**ハチミツ**や**ラノリン**、**コラーゲン**などもNG	Vegan
クルエルティフリー	クルエルティフリーとは「残虐性（cruelty）がない（free）」という意味。化粧品の開発、生産、販売の**全過程において動物実験を行わない**よう、可能な限りの活動を行っていることを証明	Cruelty Free INTERNATIONAL

RSPO認証　原料

原産国の環境保全や人権に配慮し、**持続可能な生産**が行われた**パーム油**であることを証明

FSC認証　パッケージ

環境、社会、経済の便益にかない、**管理された森林から生産された原料**で製造されていることを証明

※これらの認証には、複数の認証機関があり、マークは一例です

5 化粧品の品質と安全性を保つために
肌に直接触れるものだから規制もいっぱい

化粧品の「**品質**」とは、開発段階で設計した**剤型**（クリームの硬さなど）や**安定性**（乳化の維持）、**使用感**（使い心地）や**効能**の程度のことをさしますが、これらは**購入したときだけでなく、使用中や使い終わるまで長く維持される**必要があります。

品質と安全性を保つためのルール

〈 製造、販売のルール 〉

薬機法

事業として化粧品や医薬部外品を製造したり販売するには、薬機法で定められている通りそれぞれ**都道府県知事**による**許可**が**必要**です。特に、製造販売業の許可を受けるには、安全な化粧品が世の中に供給されるように、品質管理の方法の基準（GQP）や製造販売後の安全管理の方法の基準（GVP）に適合していることなどが求められます。

化粧品をつくる

製造業許可

化粧品を出荷・世に送り出す

品質保証や安全管理を担い、出荷した化粧品について**全責任**を負う

製造販売業許可

※「製造業」と「製造販売業」の許可は、化粧品と医薬部外品でそれぞれ別々に取得する必要があります

217

〈 化粧品に配合できる原料の基準 〉

04 化粧品にまつわるルール

　化粧品の品質や安全性を守るために、厚生労働省では化粧品に配合できる原料を「**化粧品基準**」に定めています。基本的に**この基準を満たしていれば**、**安全性の確認など各企業の責任のもとに**、化粧品メーカーは原料を**自由に配合することができます**。化粧品基準では、化粧品の原料は、それに含まれる不純物なども含め、感染のおそれなど保健衛生上の危険があるものであってはならないとされ、ほかにも以下のようなことが記載されています。

　クロロホルムや水銀などの成分や、**医薬品成分**、生態や環境へ悪い影響を与えるような化学物質は、**ネガティブリスト**により配合が**禁止もしくは制限**されています。

　タール色素、**防腐剤**、**紫外線吸収剤**については、配合できる成分が制限を含め**ポジティブリスト**にまとめられており、それ以外は配合できません。

〈 粘膜に使用される化粧品の安全性 〉

粘膜は肌よりも**経皮吸収率が高い**ため、化粧品基準のポジティブリストやネガティブリストでは粘膜に使用されることがある化粧品（**アイライナー**や**口唇化粧品**、**口腔化粧品**）について、特に厳しい基準を設けています。

例えば、アイカラーよりもインライン（目の粘膜部分）につける可能性のあるアイライナーの方が使用できる**タール色素**が厳しく制限されており、ポジティブリストの中でもより安全性が高いと指定されたものだけが使用できます。

配合成分の厳しさ

粘膜にも使う	まぶたに使う
アイライナー（マスカラ）	アイカラー

アイライナー（マスカラ） ＞ アイカラー

〈 日本化粧品工業会の自主基準 〉

日本化粧品工業会では、国内外の規制や最新の安全性に関する情報をもとに、化粧品について、**成分の規格や配合制限、各種試験方法、使用上の注意事項の表示**など**自主基準**を作成し、企業にルールの徹底をよびかけています。

- SPF測定法
- UVA防止効果測定法
- 耐水性測定法
- タール色素の独自の使用制限
- 揮発性シリコーンの配合制限

〈 香料の安全性 〉

香料については、**国際香粧品香料協会（IFRA）**の自主基準である「使用禁止」「使用制限」および「規格設定」の3種類の規制にしたがって香料メーカーがリスク管理を行っています。

ほとんどの化粧品メーカーは、調合してもらった香りを香料メーカーから購入しているよ！香料メーカーがリスク管理してくれるのは助かるね！

コスメTOPICS

04 化粧品にまつわるルール

日本と海外の化粧品で使える成分は同じ？

日本と海外では、国による法規制の違いから配合できる成分が異なります。よく確認してから購入するようにしましょう。

日本で配合禁止

発がん性が危惧されている「**ホルマリン**」は防腐剤として、白斑になる懸念がある「**過酸化水素**」は美白成分として海外製品に配合されていることもありますが、日本では配合が禁止されています。

また、ニキビの原因菌である**アクネ菌の殺菌剤**「**過酸化ベンゾイル**」、**ニキビ治療薬**「**トレチノイン（レチノイン酸）**」も海外では使用可能な国もありますが、日本では医薬品成分のため化粧品への配合が禁止されています。

海外で配合禁止

アメリカでは化粧品に配合できる「**タール色素**」の数が少なく、アイカラーなど**目元に使う化粧品についてはさらに厳しく制限**されています。

一方、日本では目元に使う化粧品に配合できるタール色素の数が多いので、アメリカより鮮やかな発色のアイカラーもあります。

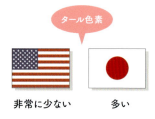

タール色素
非常に少ない　　多い

> **自己の判断および責任で使用しましょう**
> 海外コスメは**角層の薄い日本人には刺激**になってしまうこともあるため、使用する場合は注意が必要。お土産として買う場合も成分をチェックしてみよう！

検定POINT 〈 化粧品の使用期限 〉

　1980年に当時の厚生省から化粧品の使用期限の表示に関する通達が出され、製造後あるいは輸入後、**適切な条件下で3年以上**品質が保たれている化粧品には**使用期限を表示しなくてもよい**ことになっています。つまり、**使用期限が記載されていない場合、未開封であれば製造または輸入から3年は品質に問題なく使える**ということになります。

　一方、**一度開封**した化粧品は、**空気中に浮遊する雑菌**や手指からの**微生物の混入**による**二次汚染**などにより品質が低下することがあるため、できるだけ早く使い切ることが望ましいです。**スキンケア化粧品は1年以内**[※1]、**メイクアップ化粧品は3カ月～1年以内**[※1※2]を目安にするとよいでしょう。

未開封	開封後
製造または輸入から**3年**は品質が安定	スキンケア化粧品 **1年**以内を目安に使い切る ／ メイクアップ化粧品 **3カ月～1年**以内を目安に使い切る

*1 化粧品の使用期限は適切な保管条件下での目安です。肌トラブルを起こさないためにも、化粧品を使うときはにおいの変化や、分離、沈殿、変色などの状態を確かめ、異常がある場合は使用をやめましょう

*2 マスカラ、アイライナーなどは3カ月、乳化系ファンデーション、リップカラーなどは6カ月、そのほかは1年以内が目安ですが、製品によっても異なります

適切な保管方法

開封前、開封後ともに、**高温多湿、温度変化の激しい場所、直射日光の当たる場所を避けて保管する**ことが望ましいです。冷蔵庫で冷やす[※3]、湯船で温めるなども品質保持の上で好ましくありません。開封後は容器の口元をきれいにふき取り、きちんとキャップを閉めて保管するようにしましょう。

*3 一部の化粧品で冷蔵庫保管が必要なものもあります

エアゾール製品を安全に使用するためのルール

薬機法

04 化粧品にまつわるルール

エアゾール製品は、ガスの圧力を利用して内容液が放出されます。可燃性ガスを使用していることが多いことや、高圧ガスを封入しているという特性から、ほかの化粧品と異なり、「薬機法」以外に「消防法」や「高圧ガス保安法」の規制も受けます。

高圧ガス保安法では、注意表示とガスの種類など、消防法では、危険物の品名と数量、火気厳禁などの表示を義務づけています。

〈 エアゾール製品特有の必須表示 〉

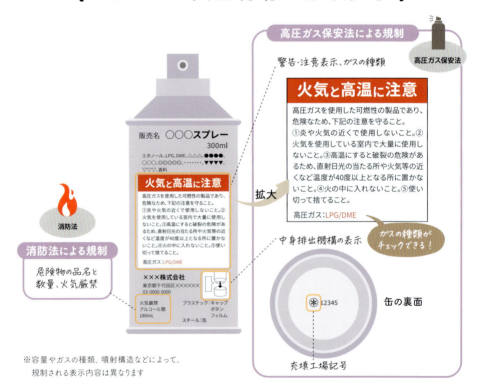

※容量やガスの種類、噴射構造などによって、規制される表示内容は異なります

〈 エアゾール製品の取り扱い方 〉

向きや使い方に注意！

誤った使い方をすると、出なかったり、ガスを先に出しきってしまい内容液が出なくなることも。**使う前に振るもの・振らないもの、上向きでしか出ないもの**などさまざまなタイプがあるので、製品に記載の使い方をよく読んでから使いましょう。

〈例〉上向きでしか出ないスプレー

高温（40℃以上）で保管しない！

高温下では容器の破裂や爆発のおそれがあります。**温度が40℃以上となるところに置かない**こと。
〈例〉
・直射日光が当たるところや日の当たる車内
・ストーブ、ファンヒーターの近く

完全に出してから捨てる

必ず**使い切ってからごみに出す**ことが基本です。中身が残っていると、ごみ回収や施設での処理過程で火災事故の原因になることがあるためです。どうしても使い切れない場合は、以下の手順で中身を**完全に出し切ってから捨てましょう**。

❶火気のない風通しのよい屋外で、シューッという音がしなくなるまで噴射ボタンを押して、中身が出なくなるまで噴射させる。
❷ガス抜きキャップ（残ガス排出用）がついている場合は、これを使って残った微量のガスを完全に抜く。

品質と安全性を保つための取り組み

化粧品メーカーは、薬機法や日本化粧品工業会の自主基準に加えて、各社独自のルールを設けるなど、**処方開発から製造に至るまでたくさんの試験や管理を行っています**。どのようにして化粧品の品質や安全性を保っているのか、具体的に見てみましょう。

〈 化粧品に求められる品質 〉

化粧品には、**すべての化粧品が必ずもっていなければならない**「必要品質」と、**その化粧品がもつすぐれた特性**としてメーカーが訴求する「魅力品質」があります。必要品質が低いと製品トラブルにつながります。

必要品質	❶安全性	皮膚刺激性、感作性、経口毒性、容器の破損などがないこと
	❷安定性	保管中や使用中に変質、変色、変臭、微生物汚染がないこと
魅力品質	❸使用性	使用感、使いやすさ、見た感じ、嗜好性が好ましいこと
	❹有用性	洗浄、保湿、収れん、保護、メイクアップなどの効用があること

〈 原料の安全性試験 〉

原料でチェック！

化粧品に新しい原料を使用する場合、原料の安全性試験を実施することがあります。ここでは開発段階においてチェックすることの多い**9項目**の安全性試験について説明します。

※薬用化粧品に新しい原料を使用する場合は、この9項目の安全性試験は必須項目です。加えて、製品を12ヵ月間連続使用する「ヒト長期投与（安全性）試験」も行われます

1 急性毒性（単回経口投与毒性）
誤飲・誤食した場合に急性毒性反応を起こす量や症状を予測する

2 皮膚一次刺激性
皮膚に**単回**接触させることで**紅斑、浮腫**などの**皮膚炎**が起こらないかどうかを確認

3 連続皮膚刺激性
皮膚に**連続回数**接触させることで**紅斑、浮腫**などの**皮膚炎**が起こらないかどうかを確認

4 感作性
アレルギー反応が出る可能性があるかどうかを確認

5 光毒性
光によって**皮膚刺激性**を起こすかどうかを確認

6 光感作性
光によって**アレルギー反応**が出る可能性があるかどうかを確認

7 眼刺激性
目に入れてしまったときの刺激があるかどうかを確認

8 変異原性（遺伝毒性）
細胞の核や**遺伝子**に影響をおよぼして変異を起こさないかどうかを確認

9 ヒトパッチ（パッチテスト）
皮膚一次刺激性を起こさないかどうかを**ヒトで最終確認**

動物実験代替**法**

従来、原料の安全性試験には一部動物実験が行われてきました。現在では種々の**代替試験法**が数多く検討され、国際的なガイドラインとしてまとめられています。これらは日本の法規制にも反映されてガイダンスとして公表されており、その一部の方法については**医薬部外品の申請時にも使用が認められる**ようになってきています。

〈 製品の安全性試験 〉

💬 製品でチェック！

　原料の安全性を確認して開発した製品も、ヒトにおけるさまざまな試験によって最終的な安全性を確認します。**どのような試験が必要か統一された基準はなく、自社製品の品質や安全性を高めるためにメーカーが独自の判断**で試験を行っています。テストで陰性を確認した製品には「○○テスト済み」などの表示がされることがあります。

パッチテスト

開発された製品を使用して**皮膚炎（かぶれ）が起こらないか**を確認するために行う、最も一般的な試験です。サンプルを**ヒトの上腕や背中に貼りつけ、24時間後に**はがし、**1〜2時間後と24時間後**の皮膚の反応を見て判定します。皮膚科専門医やトレーニングを受けた人の管理下で行うことが基本です。

※テストで陰性を確認した製品には「**パッチテスト済み**」、「**低刺激性**」などの表示がされることがあります。

アレルギーテスト

累積刺激および感作試験（**RIPT**）ともよばれ、**繰り返し使用した場合の刺激性やアレルギーのリスクの有無を評価する**試験です。サンプルをヒトの上腕や背中に貼りつけて行う24時間の**パッチテスト**を一定期間繰り返し、2週間の休息期間を置いた後、再度パッチテストをして48時間後・96時間後の皮膚の反応を観察します。

※テストで陰性を確認した製品には「**アレルギーテスト済み**」、「**累積刺激テスト済み**」などの表示がされることがあります

スティンギングテスト

刺激を感じやすい"敏感肌"の被験者の頬に化粧品を塗布し、一定時間ごとに**かゆみ、ほてり、ヒリつきなどの、不快となる一過性の感覚刺激（スティンギング）を記録し、その結果を評価する**試験です。

※テストで陰性を確認した製品には「**スティンギングテスト済み**」、「**低刺激性**」などの表示がされることがあります。

ノンコメドジェニックテスト

ニキビが**生じにくいか**をチェックする試験です。**ヒトの背中**にサンプルを一定期間繰り返し塗布し、角質をはがしてニキビのもととなる**マイクロコメド**（小さな毛穴の詰まり）が形成されているかどうかを確認します。

※テストで陰性を確認した製品には「ノンコメドジェニックテスト済み」、「ニキビのもとになりにくい処方」の表示がされることがあります

使用テスト

想定される使用条件のもとで、実際に一定期間モニターの人に使用してもらう試験です。「肌に異常がなかったか」という**安全性**以外にも、製品の使用に伴う問題がないか、**使用感**や**機能**が狙い通りであるかなども確認します。

「〇〇テスト済み」の表示があれば、絶対安全？

「〇〇テスト済み」の表示は、各企業が設定した高い安全性基準に基づいて試験が実施され、クリアした製品だけに表示されています。

体質や肌状態は人により異なるため、これらの試験は**すべての人に対し肌トラブルが起こらないことを保証するものではありません**が、敏感肌や過去に化粧品でアレルギーを起こしたなど、化粧品の使用に不安がある人は、製品選びの参考にすることができます。

企業での各種テスト時 → OK！

消費者の製品使用時 → すべての方がOKではない

6 肌トラブルに関する法律
販売後も製品に対する責任があります

薬機法

PL法

04 化粧品にまつわるルール

化粧品を使ったことで、重とくな肌トラブルが起こった場合、**消費者を守るためのPL法**、薬機法に基づき**製造販売業者に報告や回収などの対応を義務づけている****GVP省令**などがあります。

製造物責任法（PL法）

検定 POINT

消費者に対して

消費者が製品の欠陥によって生命や財産に被害を被った場合に、**製造業者などに対して損害賠償を求めることができること**が定められた法律です。

※化粧品の品質に問題がなく、使用する人の**体質**や**体調**で**皮膚トラブル**が生じたり、**保管条件**により品質に**問題**が生じたりした場合は、PL法が適用されないことがあります

GVP省令（製造販売後の安全管理基準）

医薬部外品や（一般）化粧品の製造販売業者は、**自社の製品による重とくな健康被害の発生**や研究報告等を知ったときは、国の所管機関（独立行政法人医薬品医療機器総合機構：PMDA）に**報告し、必要に応じて自主回収することが義務**づけられています。

製造販売業者に対して

化粧品と肌トラブル

肌にトラブルが起きたとき、
化粧品が原因ということも考えられます。
その原因となるアイテムや成分、
未然に防ぐ方法などを
知っておきましょう。

7 化粧品と肌トラブル
肌トラブルにつながる原因を知っておこう

04 化粧品にまつわるルール

肌が荒れたり、赤みやブツブツができる理由としてさまざまなことが考えられますが、**化粧品による"かぶれ"** の可能性もあります。化粧品を使い始めてすぐに起こるケースやしばらくしてから症状が出始めるケースがあります。化粧品による"かぶれ"について学びましょう。

検定POINT "かぶれ"とは？

化粧品による皮膚のかぶれは「**接触皮膚炎**」とよばれ、主に2つの種類があります。1つは特定の成分に反応するアレルギー性のもので、もう1つはアレルギーの原因物質ではない成分による一定以上の刺激で発症するものです。

分類	原因	特徴
刺激性接触皮膚炎	肌が触れたものの刺激によるもの。刺激のあるものが一定量以上肌に触れることで起こる〈例〉シャンプーや洗浄料の界面活性剤、ネイル化粧品の有機溶剤	皮膚が**一定の刺激（閾値）以上**と感じると、**はじめての接触で誰でも発症する**可能性がある。**体質**や**季節**の影響などで皮膚の**バリア機能**が低下すると、敏感になり起こりやすい。**触れた**部位だけに反応が起こる
アレルギー性接触皮膚炎	体質からくる**アレルギー**によるもの。一度アレルギー反応を起こした**特定の成分**が肌に触れると起こる〈例〉永久染毛剤の酸化染料、洗い流し製品の防腐剤、ジェルネイル等のアクリル樹脂* *ジェルネイルによるかぶれについて詳しくは本書P162参照	肌の状態に関係なく、**特定の成分**に触れると24時間〜数日経過した後**アレルギー反応が起こってしまう**。悪化すると**触れた部位だけでなく、その範囲を超えてまわりの肌にまで影響を及ぼす**ことがある

「加水分解コムギ末」が原因のアレルギー

「加水分解コムギ末」が配合された石けんを使用した人が、「小麦」を含む食品を食べた後にまぶたが腫れ、さらにその半数が**アナフィラキシーを発症**した事例があります。**皮膚から吸収された物質が原因で食物アレルギーが発症した**と考えられています。

※日本アレルギー学会や厚生労働省の報告結果より

赤みの原因はデトックス反応？

新しい化粧品を使って肌に赤みが生じたとき、「肌がよくなっていく過程で起こる好転反応」「悪いものがデトックスされている証拠」などと思ってしまうのは**大きな間違い**です。ヒリヒリしたり赤くなったりするのは、紛れもなく**皮膚が炎症を起こしている**状態。化粧品に含まれる成分に**かぶれ**たり、**アレルギー反応**を起こしたりしている可能性があるので、**直ちに水で洗い流し、使用を中止**しましょう。症状が気になる場合は、皮膚科専門医に相談しましょう。

赤みが治まらない場合は皮膚科専門医に相談しよう！

〈 かぶれの部位から考えられる製品 〉

化粧品によるかぶれは、原因となる製品が触れた場所で発症することが多いため、かぶれが起こっている場所からある程度原因となる製品を推測することができます。

顔全体
スキンケア化粧品、ベースメイクアップ化粧品、日焼け止め　など

目のまわり
アイメイクアップ化粧品、金属製アイラッシュカーラー　など

口唇
口紅、リップクリーム、歯磨き類　など

頭・首
染毛剤、パーマ液、ヘアケア化粧品、フレグランス化粧品、アクセサリー　など

実際にどの製品で接触皮膚炎が多かったかチェックしてみて

製品	2019年の件数	2020年の件数
シャンプー	69 (19%)	36 (19%)
染毛剤	54 (15%)	26 (14%)
美容液	21 (6%)	16 (8%)
クリーム	10 (3%)	15 (8%)
化粧水	19 (5%)	14 (7%)
乳液	9 (3%)	12 (6%)
ファンデーション	17 (5%)	9 (5%)
日焼け止め	22 (6%)	7 (4%)

＊FJ, 51(2), 10-20(2023)引用

自分で化粧品による肌トラブルを未然に防ぐには？

これまで紹介してきた全成分表示や各種試験済みの表示は、あくまで化粧品を購入する際の1つの目安です。新しい化粧品を使用する前に、**自分の肌に合うかどうかは、実際にテストをして確かめることも大切**です。

化粧品が肌に合うかをチェックする繰り返し塗布テスト

肌が広範囲にかぶれることなく、わずかな部分で肌の反応を見ることができる方法です。

1 入浴時に、**二の腕の内側**などを石けんできれいに洗う

2 化粧水・美容液・クリームなどを**直径1cm程度の円形に少量ずつ並べて塗る**。シャンプーなどの洗浄料の場合は、実際に洗ってみる

3 **30分**ほど経過したら、肌に赤みやかゆみ、ブツブツなどの異常がないかをチェック

4 異常がなければ、洗ったり流したりせずにそのまま放置し、**朝と晩の2回塗布を1週間繰り返して観察する**。異常がなければ3週間程度継続して様子を見る

5 異常がなければ、フェイスラインなどの本来使用したい部位に使ってみる

6 30分ほど経過したら、フェイスラインに赤みやかゆみ、ブツブツなどの異常がないかをチェック

※塗布部にかゆみ、赤み、刺激感などの異常があった場合は、こすらずに、すぐに水でよく洗い流しましょう
※正確な判断が必要な場合には皮膚科専門医で行うパッチテストを受けましょう

敏感肌の人は特に、これから使おうとしている化粧品について自分で繰り返し塗布テストをすると安心だよ

〈 新しい化粧品の試し方 〉

04 化粧品にまつわるルール

いつ試す？

新しい化粧品を試すのに適しているのは以下のタイミングです。

●**月経（生理）直後**
月経直後は、**卵胞ホルモン（エストロゲン）の分泌が高まり**、ニキビができにくく肌が安定しやすい

●**季節は秋**
秋は、春の黄砂や花粉による炎症、夏の紫外線ダメージ、冬の乾燥など**肌トラブルの原因になるものが少なく**、ほかの季節と比べて肌が安定しやすい

なにから試す？

肌が敏感なときはラインを一気に切り替えたりせず、**1品ごとに2～3日ずつかけて試しましょう**。スキンケア化粧品は、クリームなどステップの**後ろ**で使うアイテムから切り替えるのがおすすめです。

春・夏・冬に新しい化粧品を試すならこの方法がおすすめだよ！

汚れたパフが肌トラブルの原因に？

化粧用のパフ、ブラシなどは**目に見えない汚れやほこり、雑菌が付着していて汚く**、汚れたまま使い続けると肌トラブルを起こす可能性があります。
特に敏感肌の人は、化粧用のパフ、スポンジなどを使う場合、**毎回きれいに洗浄してきちんと乾燥させてから使用することが必要**です。ブラシも使用後は毎回ティッシュなどで粉を払いましょう。

PART 05

化粧品の官能評価

化粧品選びには、配合成分など中身はもちろんのこと、実際に使ったときの塗り心地や香り、見た目なども含めた、心地よいかという感覚的な部分も大きなポイントです。このパートでは、化粧品メーカーで行われているこうした感覚的なものを五感を使って的確に評価する「官能評価」についてご紹介します。

五感を使って的確に評価
化粧品の官能評価

　化粧品の見た目や香りが好きかどうか、使って心地よいかなどの**感覚的**な部分は**購入動機**としてとても重要です。特に、**製品を長く愛用する**かどうかは、**使用感**が最も重視されているというデータがあります。

〈 官能評価の定義 〉

人の五感（視覚、聴覚、嗅覚、味覚、触覚：体性感覚）
によって事物を評価すること、およびその方法
※日本工業規格 JIS Z9080 、JIS Z8144

化粧品においては、その使用感や見た目などを客観的、
かつ普遍的に評価し、他人と共有できるような言葉で表現すること

〈 官能評価が必要なタイミング 〉

製品を開発する段階
ターゲットとなる使用感を選定・確認するとき

製品を工場でつくる段階
開発で最終決定したサンプルと同じものが生産できているかどうかを確認するとき

製品をお客さまに伝える段階
製品をお客さまに説明するとき

05 化粧品の官能評価

〈 官能評価で必要な五感 〉

官能評価の対象となるのは化粧品の中身はもちろんのこと、パッケージの形や音にまでおよびます。

  クリームの白さやツヤ、リップカラーの赤み、アイカラーやファンデーションの色、パッケージの見た目など

  コンパクトを開閉するときの音など

  化粧品や香水、ヘアスタイリング料の香りなど

  リップカラーの味、クレンジング料などが口に入ってしまったときに感じる苦みなど

  化粧水の浸透感、クリームや乳液のしっとり感・伸び、容器の持ちやすさなど

機器では測定できない、人による官能評価

機器での評価は正確ですが、官能評価は人の五感を使って複数の項目を同時に評価し、製品が企画に合っているかなど総合的な満足度を判断することができます。
例えば、リップカラーの色は「色差計」という機器でも測定できますが、塗りやすさや発色、仕上がりの美しさなどは機器で測定することはできません。

実際の化粧品の製品開発や品質管理の場面では、機器での評価と人での官能評価の両方が取り入れられているよ

〈 官能評価の注意点 〉

官能評価をより客観的に行うためには、気温や湿度、明るさなどの環境や疲労によって感覚が左右されないよう、**評価する環境や基準を決めておくことが重要**です。

05 化粧品の官能評価

👁 視覚 一定の**明るさ**が必要

リップカラーの微妙な赤みの違いや、アイカラーやファンデーションの**色を評価するときには、一定の明るさ、輝度を保つ環境が必要**です。室内で評価する場合、**色評価用蛍光灯（高演色蛍光灯）**のもとが望ましいです。

👃 嗅覚 香りの評価は**5個**まで

嗅覚はそもそも**疲労しやすい感覚**のため、一度にたくさんの製品を評価することは避け、**5個以下**にしましょう。

✋ 触覚 温度・湿度を一定にする

クリームや乳液、ジェル、リップカラーなどは温度によって、かたさや伸び具合などが大きく変化してしまうため、**感触を評価するためには、サンプルの温度管理に加えて、試験を行う部屋の温度・湿度をそろえておくことが重要**です。

恒温恒湿槽

伝わりやすい「**用語**」

「わずかに」「やや」「とても」など、**尺度や強度、程度をあらわすために使われる用語**は個人差が大きく、評価結果に影響することがあります。そのためこれらの**用語**を使う場合は、**用語の強度や程度を理解し、相手に伝わりやすい表現をすることが大切**です。

強度や程度の指標を事前に評価者間で共有しておくといいよ！

官能評価の実施例

実際に、化粧水とリップカラーについてメーカーで行われている評価の例を紹介します。どのようなポイントで評価をしているのでしょうか。

例1 化粧水

化粧水では、**保湿や引き締め感といった機能面**だけでなく、**さっぱりやしっとりなどの使用感**が目的の品質になっているかを確認します。

評価の種類	化粧水の評価項目（例）			
視覚評価	・出しやすさ	・色や濁り	・とろみ	など
触覚評価	・浸透感 ・ベタつき ・柔軟感	・清涼感（爽快感） ・さっぱり感 ・引き締め感	・肌へのなじみ ・しっとり感	など
嗅覚評価	香りの強さ	香りの質	香りの好み	
総合評価	個人の嗜好性とブランドとしての価値をはかるもの （消費者調査やブランド調査に使用） 嫌い ⇔ 好き ふさわしくない ⇔ ふさわしい 不満足 ⇔ 満足			

> 化粧水は水分が主体の処方系だから、乳液やクリームに比べて、肌の中に浸透していくような実感が重要な評価項目になることが多いよ

評価するタイミング

評価するタイミングも、評価項目により異なります。例えばベタつきは❶肌に伸ばしていく過程で手や指に感じるもの、❷肌になじませた後、肌に残っているものに対して感じるものがあり、どちらも心地よい感触ではないとされています。官能評価を行うときは、**どのタイミング**で**ベタつきを感じているかもチェックすることが大切**です。

❶ 伸ばしていく過程
❷ 肌になじませた後

例2　リップスティック（口紅）

メイクアップ化粧品では、**使用感**の**評価**とともに**目視**での**色**や**仕上がり**の**評価が重要**です。リップスティックは、見た目の色やしっとり感、仕上がりのツヤという重要項目に加えて、飲んだり食べたりすることで落ちやすいことから**化粧もち**の**評価**も行う必要があります。

評価の種類	リップカラーの評価項目（例）
視覚評価	・唇へのつき　・唇へのつきの均一性　・発色 ・外観色との差　・カバー力（隠ぺい力）　・ツヤ ・光沢感　・化粧もち　・クレンジングのしやすさ　など
触覚評価	・かたさ　・塗りやすさ　・伸び（抵抗感） ・密着感　・なじみ　・しっとり感　・ベタつき ・他メイク製品との相性（リップライナー・リップグロスなど）　など
嗅覚評価	・香りの強さ　・香りの質　・香りの好み
総合評価	個人の嗜好性とブランドとしての価値をはかるもの （消費者調査やブランド調査に使用） 嫌い ⇔ 好き ふさわしくない ⇔ ふさわしい 不満足 ⇔ 満足

実際の使用順序に合わせて評価しよう

官能評価は、どのような化粧品でも**実際の使用順序に合わせて行うことが大切**です。

例えばリップスティックでは、項目①〜⑯の順に評価が行われています。

例 リップスティック

① ふたの開けやすさ、音
② 外観の形状、色、ツヤ
③ つき
④ 伸び（抵抗感）
⑤ 発色、外観色との差
⑥ 光沢感
⑦ カバー力（隠ぺい力）
⑧ ベタつき
⑨ 味（苦味など）
⑩ 仕上がりのツヤ
⑪ しっとり感（塗布時、経時）
⑫ 化粧もち（取れ・にじみなど）
⑬ におい（強さ、好み）
⑭ 高級感（上質感）
⑮ 満足度（ふさわしさ）
⑯ 総合評価

1級の試験問題は、2級からも必ず出題されます

1級と2級の違いは、難易度ではなく「分野」です。
1級を受験される方は2級テキストで内容を理解しておきましょう

2級
美容皮膚科学

1級
化粧品科学

美容皮膚科学に基づいて、肌悩みに合わせたスキンケア、メイクアップ、生活習慣美容、マッサージなど、トータルビューティーを学びます。

〈 2級の例題にチャレンジしてみよう！ 〉

問題 1
次のうち、NMF（天然保湿因子）に最も多く含まれる成分はどれか。適切なものを選べ。
1. コレステロール　2. 乳酸塩（乳酸ナトリウム）　3. アミノ酸　4. トリグリセリド

問題 2
顔型が丸型の場合、顔をすっきり見せるためにはチークをどのように入れるのがよいとされているか。最も適切なものを選べ。
1. 頬骨の高い位置から口角に向かうように縦長に入れるとよい
2. 頬の中心に赤系の色みを丸く入れるとよい
3. 頬の低い位置に横長に入れるとよい
4. こめかみ〜目尻の下にCカーブ状（Cゾーン）に入れるとよい

【解答】問題1：3、問題2：1

2級の例題は解けましたか？

わたしの
シミに効く
美白成分ってどれ？

目の形（一重・つり目・はなれ目など）に合った似合うメイクって？

寝つきがよくない……
どうしたらいい？

2級について
もっと知りたい方はこちらから

241

プロとして活躍できる4つの資格

スキルアップ・キャリアアップにも役立つ資格

日本化粧品検定特級　コスメコンシェルジュ

コスメライター

メイクカラーコンシェルジュ

コスメコンシェルジュインストラクター

4つの資格取得は
オンライン完結◎

Web受講

Web試験

資格取得でなりたいわたしに！

　日本化粧品検定協会では、検定・資格制度を通して、化粧品や美容のスペシャリストを育成しています。定期的に行っている検定試験で取得する日本化粧品検定3級〜1級に加え、さらに知識を深め、活躍の場を広げるための実践的な知識が身につく4つの資格があります。この資格取得はオンラインで受講、受験ができるので、働きながらスキルアップ、キャリアアップを目指せます。

検定 資格

検定
- 日本化粧品検定 1級
- 日本化粧品検定 2級
- 日本化粧品検定 準2級
- 日本化粧品検定 3級

プロとして活躍できる4つの資格

化粧品の専門家を目指すなら
日本化粧品検定特級
コスメコンシェルジュ※

※日本化粧品検定特級に合格した方には、コスメコンシェルジュ資格を授与します。

美容ライターを目指すなら
コスメライター

カラーアイテム選びを楽しむなら
メイクカラーコンシェルジュ

美容講師業を目指すなら
コスメコンシェルジュインストラクター

> 1級合格者だけが目指せる最上位資格

日本化粧品検定特級
コスメコンシェルジュ®

化粧品の専門家を目指す ～化粧品を提案する力を身につける～

化粧品の種類ごとの特徴を学ぶことで、肌悩みに合わせた化粧品を選び提案する**「化粧品の専門家」**としてのスキルを身につけられる、日本化粧品検定最上位資格です。

※資格取得には、当協会への入会が必要です

【 特級で身につく *5* つのこと 】

1
成分から
化粧品を
選び出せる

2
肌悩みから
化粧品を
選び出せるようになる

3
正しい情報を自分の
言葉で伝える提案力・
発信力がつけられる

4
薬機法など
仕事に活かせる
知識を
身につけられる

5
特級資格を活かした
キャリア設計が
描けるようになる

• こんな人におすすめ •

- ☑ 化粧品を自分で選べるようになりたい
- ☑ 化粧品成分のプロになりたい
- ☑ SNSなどで情報を発信したい
- ☑ 接客販売力を上げたい
- ☑ 友人や家族など人にアドバイスができるようになりたい
- ☑ 化粧品・美容業界で今の仕事に活かしたい
- ☑ 就職、転職、副業に活かしたい
- ☑ 仕事でキャリアアップしたい

＼ 化粧品の専門家としてさまざまなフィールドで活躍 ／

企業や個人での活動、キャリアアップ、新しい仕事へのチャレンジと
コスメコンシェルジュの活躍フィールド・キャリアパスは多岐に渡っています。

キャリアアップ

インフルエンサー
美容情報を発信し、美容系メディアでも活躍

美容部員
バッジをつけて接客。お客さまからの信頼を得て売り上げアップ

化粧品メーカー営業
化粧品知識がつき商談がスムーズに

ヘアメイク
技術のみでなく知識の専門性が認められ本の出版へ

化粧品開発
JCLA美容通信の内容を活かし企画書作成

個人で活躍　さまざまなフィールドで活躍するコスメコンシェルジュ　**企業で活躍**

従業員からオーナー
エステサロン開業。サロン一覧を掲載し、PRサポートを受ける

OLから起業
成分知識を活かしコスメブランドを設立

通販化粧品メーカー
通販カタログにコスメコンシェルジュとして登場。お客さまへ商品を紹介

美容メディアの編集者
就職・転職サポートを利用し憧れの職業へ

美容ライター
安心して任せられる知識があるので執筆依頼が増える

主婦から美容セミナー講師
空いている時間を活用し美容セミナーを主催

キャリアチェンジ

資格の取得方法

1ヵ月の速習カリキュラムで化粧品の専門家へと導きます。
学習も試験もオンライン完結！試験はテキストを見ながら解答できます。

1級合格 → 特級に申込 → 教材が自宅に届く → Web受講（4時間半） → Web試験 → 合格

1ヵ月

講座の詳細や資格取得の方法は
こちらからCHECK！

245

ベーシックコース（基礎科）　アドバンスコース（応用科）

化粧品について"書く"専門家

コスメライター®

化粧品に関する専門的な記事が書けるWebライター

薬機法を含む化粧品の正しい知識を持ち、SEO対策をしながら、発信力のあるライティングスキルを備えていることを認定する資格です。

※資格取得には、日本化粧品検定全級合格が必要です

【 コスメライターで身につく3つのこと 】

1
化粧品に特化した文章の書き方が身につく

2
SEOから法律、ルールまで、Webライティングに必要な知識が身につく

3
美容業界の知識やライターとしての心得が身につく

• こんな人におすすめ •

- ☑ 美容ライターになりたい
- ☑ 発信力のあるSNS投稿をしたい
- ☑ ライターとしてキャリアアップしたい
- ☑ 在宅でできる仕事を始めたい
- ☑ プレスリリースなどで役立つ文章力を高めたい
- ☑ 薬機法の知識をさらに深めたい
- ☑ 副業を始めたい
- ☑ 化粧品の魅力を伝える表現力を身につけたい

資格詳細はこちら

メイクアップ化粧品の"色彩を見極める"専門家

メイクカラーコンシェルジュ®

色彩理論・パーソナルカラー理論を理解し
メイクアップコスメのカラーを診断・分類ができる専門家

色彩理論やパーソナルカラー理論に加え、コスメの色彩に関する正しい知識を持ち、あらゆるメイクアップコスメのカラーを診断・分類できるスキルを備えていることを認定する資格です。

※資格取得には、当協会への入会が必要です

資格詳細はこちら

化粧品の知識を"教える"専門家

コスメコンシェルジュインストラクター

日本化粧品検定の合格を目指す方を指導できる講師

日本化粧品検定協会認定講師として、スクールの講師、企業での研修、教室やセミナーの開講など、正しい化粧品や美容知識の教育活動を行うことができる資格です。

※資格取得には、日本化粧品検定全級合格が必要です

資格詳細はこちら

索引

※主な化粧品成分は
P254-269ページをごらんください

あ

アイカラー（アイシャドー）	102-103
アイブロウ	101
アイライナー	104-105
圧搾法	166
アフターサン化粧品	80
アレルギー性皮膚炎	230
アレルギーテスト	226
安全性	217-227
育毛剤	148
一般食品（健康食品）	188
医薬品	187
医薬品医療機器等法	196,200
医薬部外品	198
入れ歯洗浄剤	185
薄毛	141
エアゾール	222-223
栄養機能食品	188
液体洗浄料	117
エナメル質	177
エナメルリムーバー（除光液）	158,159
オイル	49,54
O／W型	35,55,56,67,77,88,89
黄線（イエローライン）	156
オーガニック化粧品	215,216
白粉	23,25,26
お歯黒	23-25

か

界面活性剤	31,35-37,52-61,116,144-146
かぶれ	230-234
カラーエナメル	158-160
乾式製法	95
感触調整剤	31,39
乾燥	41,42
官能評価	236
機械練り法	62-63
機能性成分（美容成分）	31,41
機能性表示食品	188
基本成分（基剤）	31,50
嗅球	164
嗅上皮	164
キューティクル（甘皮）	156

248

嗅毛	164	サンタン化粧品	80
キレート剤 (金属イオン封鎖剤)	45	CC クリーム	89
クッションファンデーション	90	GVP 省令	228
グラデーション	160	シェーディング（シャドー）	97
クリーム	66	シェービング化粧品	75
クレオパトラ	22	ジェル	66
クレンジング料	52-56	ジェルクリーム	67
景品表示法	200-201	紫外線カット剤	78
化粧くずれ	94	紫外線吸収剤	79
化粧下地	86	紫外線散乱剤	79
化粧水	64	歯冠部	177
化粧品	196	色材	31,40
けん化法	62	色相	99
口臭	179	刺激性接触皮膚炎	230
香水	168	歯根部	177
合成香料	165,167	歯根膜	177
酵素系入浴料	130	歯周病	180
固形石けん	62,116	歯髄	177
ゴマージュ・スクラブ	71,119	歯槽骨	177
コンシーラー	92	湿式製法	95
コントロールカラー	86	歯肉	177
		脂肪細胞	131

さ

彩度	99	シミ	41,42
酸化防止剤	45	シャンプー	144
		使用期限	221

使用テスト	227	爪床（ネイルベッド）	156
植物系（生薬系）入浴料	128	増粘剤	31,38
植物性香料	165,166	爪半月（ルヌーラ）	156
除毛剤	127	爪母（ネイルマトリクス）	156
白髪	140	訴求成分	31,50
シワ	41,42		
水蒸気蒸留法	166	**た**	
水溶性成分	31,32	体臭	122
スキンケア系入浴料	130	脱毛	127,141
ステイン	180	脱毛料	127
スティンギングテスト	226	W／O型	27,35,55,56,67,77,88-91
ストレスポイント	156,157	男性ホルモン	73,141
スペシャルケア	69,119	単離香料	165
スリミング料	132	チークカラー	96
精油	165,166	着色	40,83,180
清涼系入浴料	130	中和法	62
接触皮膚炎	230	調合香料	165
セメント質	177	爪の縦筋・横溝	157
セルフタンニング化粧品	80	天然香料	165,167
セルライト	131	頭皮のにおい	140
洗顔料	58	動物実験代替法	225
洗口液	181,183	動物性香料	165,167
全成分表示	212	特定保健用食品（トクホ）	188
象牙質	177	トップコート	158-160
爪甲（ネイルプレート）	156	トップノート	171

な

ニキビ	41,42
二枚爪	157
乳液	66
乳化	35
入浴料	128-130
ネッスルウェーブ	25
ノンコメドジェニックテスト	227
ノンシリコン	147

は

バーム	67
ハイライト	97
パサつき・切れ毛	140
肌荒れ	41,42,230
パック（マスク）	70
パッチテスト	226
歯のマニキュア	185
歯磨き剤	181,182
パラベン	46
バルジ領域	134
半合成香料	165
ハンドケア化粧品	120
pH	44

pH 調整剤	44
PL 法	228
ＢＢクリーム	89
ピーリング化粧品	72
皮下脂肪結合組織	131
光毒性	225
引き締め化粧品	132
皮脂腺	134
ヒビ割れ	157
皮膜形成剤	31,39
肥満	131
日焼け止め化粧品	77
美容液	69
敏感肌	233
品質	224
ファンデーション	87-91
ブースター	70
フェイスパウダー	93
フケ・かゆみ	140
フッ化物（フッ素）	183
プラーク（歯垢）	177
フレグランス化粧品	168
ヘアカラーリング製品	152,153
ヘアスタイリング料	149,150
ベースコート	158-160

ベースノート（ラストノート）	171	虫歯（う蝕）	178
ベースメイクアップ化粧品	85	むだ毛処理製品	127
ヘチマコロン	26	明度	99
ポイントメイクアップ化粧品	98	メラニン	135
防臭化粧品	124-126	モイスチャーバランス	50
防腐剤	31,46	毛幹	134
保管方法	221	毛球	134
保健機能食品	188	毛孔	134
ホットジェル	132	毛根	134
ボディパック	119	毛周期（ヘアサイクル）	137,141
ボディマッサージ用化粧品	119	毛小皮（キューティクル）	135
ポリマー	38	毛髄質（メデュラ）	135
ホワイトニング	184,208	毛乳頭	134,137
		毛皮質（コルテックス）	135

ま

マーブル	160	毛包	134
マウススプレー	185	毛母細胞	134,137
マスカラ	106-108		
まつ毛	106,137		

や

マッサージ用化粧品	71	薬用化粧品	198
ミドルノート（ハートノート）	171	油脂吸着法	166
ミネラル ファンデーション	89	油性成分	31,33
無機塩類系入浴料	129	楊貴妃	23
無香	43	溶剤抽出法	166
無香料	43		

ら

卵胞ホルモン	234
リップカラー	109-112
リンス・コンディショナー・トリート	
メント	146

わ

枠練り法	62,63
ワセリン	25

主な化粧品成分

参考資料 / 参考にしよう！

この本に掲載されている主な化粧品成分を中心に表にまとめました。成分名だけでなく、主な配合目的や由来も記載してありますので、わからない成分が出てきたら、この表を参考にしてください。

※表示名称は日本化粧品成分表示名称事典を参照しています
※一般化粧品の表示名称を記載しています。医薬部外品の表示名称と異なるものもあります

《 水溶性成分 》

分類	表示名称	慣用名または別名など	主な配合目的	主な由来 または製法
水	水	精製水	基剤	水道水など
	ダマスクバラ花水 センチフォリアバラ花水	ローズ水	基剤。 皮膚をしっとりさせる。香りづけにも使用される	植物
	温泉水	ー	基剤。皮膚をしっとりさせる	温泉
エタノール	エタノール	エチルアルコール、アルコール	清涼感・浸透感を与える。肌を引き締める。 防腐助剤（静菌）	合成、発酵
保湿剤	BG	1,3-ブチレングリコール	基剤。保湿。防腐助剤（静菌）	植物、合成
	グリセリン	ー	基剤。保湿	植物、合成
増粘剤	カルボマー	カルボキシビニルポリマー	増粘。乳化の安定化や感触調整	合成

※各成分の主な配合目的は、一例です
※水やエタノール、保湿剤の一部は植物成分の抽出溶媒として使われることもあります

《 油性成分 》

分類	表示名称	慣用名 または別名など	主な配合目的	主な由来 または製法
炭化水素	スクワラン	ー	基剤。エモリエント 肌になじみやすくクリームや乳液に使用	魚類（鮫肝油）、 植物、合成
	ミネラルオイル	流動パラフィン、鉱物油	基剤。エモリエント さらっとした使用感でクリームや乳液に使用	石油
	パラフィン	パラフィンワックス	基剤。クリームや口紅の硬さ調整	石油
	ワセリン	ー	基剤。エモリエント 皮膚表面からの水分蒸発を防ぐ。皮膚の保護	石油
高級 アルコール	セタノール	セチルアルコール	基剤。乳化安定補助。クリームや乳液に使用	植物、動物
	ステアリルアルコール	ー	基剤。乳化安定補助。クリームや乳液に使用	植物、動物
	セテアリルアルコール	セトステアリルアルコール	基剤。乳化安定補助。クリームや乳液に使用	植物、動物
	ベヘニルアルコール	ー	基剤。乳化安定補助。クリームや乳液に使用	植物、動物
	イソステアリルアルコール	ー	基剤。エモリエント	植物、動物
高級脂肪酸	ラウリン酸	ー	石けん基剤（洗浄剤の泡立ち） 乳化（アルカリ成分との共存でクリームの硬さ調整）	動物、植物

254

分類	表示名称	慣用名 または別名など	主な配合目的	主な由来 または製法
高級脂肪酸	ミリスチン酸	—	石けん基剤（洗浄剤の泡立ち） 乳化（アルカリ成分との共存でクリームの硬さ調整）	動物、植物
	パルミチン酸	—	石けん基剤（洗浄剤の泡立ち） 乳化（アルカリ成分との共存でクリームの硬さ調整）	動物、植物
	ステアリン酸	—	石けん基剤（洗浄剤の泡立ち） 乳化（アルカリ成分との共存でクリームの硬さ調整）	動物、植物
	イソステアリン酸	—	基剤。エモリエント	動物、植物
油脂	オリーブ果実油	オリーブ油	エモリエント。オイルやクリームに使用	植物
	ツバキ種子油	ツバキ油	エモリエント。古くから毛髪用油として使用	植物
	水添ヒマシ油	—	基剤。ポイントメイクアップ化粧品の硬さ調整	植物
	マカデミア種子油	マカデミアナッツ油	エモリエント。感触調整	植物
	カカオ脂	カカオバター	エモリエント。感触調整	植物
	シア脂	シアバター	エモリエント。感触調整	植物
ロウ類 （ワックス）	カルナウバロウ	カルナウバワックス	ポイントメイクアップ化粧品の硬さ調整	植物
	キャンデリラロウ	キャンデリラワックス	ポイントメイクアップ化粧品の硬さ調整	植物
	ホホバ種子油	ホホバ油	エモリエント。感触調整	植物
	ミツロウ	ビーズワックス、 サラシミツロウ	エモリエント。ポイントメイクアップ化粧品の硬さ調整	ハチの巣
	ラノリン	精製ラノリン	エモリエント。ポイントメイクアップ化粧品の硬さ調整	動物（羊毛）
エステル油	エチルヘキサン酸セチル	—	基剤。エモリエント 粘度が低くさっぱり感のある油。クレンジング料に使用	合成
	トリ（カプリル酸/カプリン酸）グリセリル	—	基剤。エモリエント ベタつき感が少なくさらっとした使用感	合成
	ミリスチン酸イソプロピル	—	基剤。エモリエント。ファンデーションや口紅に使用	合成
	リンゴ酸ジイソステアリル	—	基剤。エモリエント。メイクアップ化粧品に使用	合成
シリコーン	シクロペンタシロキサン	環状シリコーン	感触調整。揮発性がある。さらっとした使用感	合成
	ジメチコン	シリコーンオイル、 メチルポリシロキサン	感触調整。低粘度から高粘度までさまざまある 撥水性を与える。さらっとした使用感	合成

※各成分の主な配合目的は、一例です

〈 紫外線カット剤 〉

分類	表示名称	慣用名または別名など	主な配合目的	主な由来 または製法
紫外線吸収剤	オクトクリレン	—	UV-B吸収による紫外線防御	合成
	ポリシリコーン-15	—	UV-B吸収による紫外線防御	合成
	メトキシケイ酸エチルヘキシル	パラメトキシ皮酸2-エチルヘキシル	UV-B吸収による紫外線防御	合成
	ジエチルアミノヒドロキシベンゾイル安息香酸ヘキシル	2-[4-（ジエチルアミノ）-2-ヒドロキシベンゾイル]安息香酸ヘキシルエステル	UV-A吸収による紫外線防御	合成
	t-ブチルメトキシジベンゾイルメタン	4-tert-ブチル-4'-メトキシジベンゾイルメタン	UV-A吸収による紫外線防御	合成
	ビスエチルヘキシルオキシフェノールメトキシフェニルトリアジン	—	UV-A＋UV-B吸収による紫外線防御	合成
	メチレンビスベンゾトリアゾリルテトラメチルブチルフェノール	—	UV-A＋UV-B吸収による紫外線防御	合成
紫外線散乱剤	酸化チタン	微粒子酸化チタン	UV-A＋UV-B散乱による紫外線防御	鉱物、合成
	酸化亜鉛	微粒子酸化亜鉛	UV-A＋UV-B散乱による紫外線防御	鉱物、合成

※各成分の主な配合目的は、一例です

255

《 防腐剤・酸化防止剤 》

分類	表示名称	慣用名または別名など	主な配合目的	主な由来 または製法
防腐剤	安息香酸Na	安息香酸ナトリウム	防腐	植物、合成
	メチルパラベン	パラベン、パラオキシ安息香酸メチル	防腐	合成
	エチルパラベン	パラベン、パラオキシ安息香酸エチル	防腐	合成
	プロピルパラベン	パラベン、パラオキシ安息香酸プロピル	防腐	合成
	ブチルパラベン	パラベン、パラオキシ安息香酸ブチル	防腐	合成
	フェノキシエタノール	―	防腐	合成
	ベンザルコニウムクロリド	塩化ベンザルコニウム	防腐。帯電防止	合成
	o-シメン-5-オール	イソプロピルメチルフェノール	防腐	合成
	ヒノキチオール	―	防腐	植物
酸化防止剤	トコフェロール	天然ビタミンE、dl-α-トコフェロール	製品の酸化防止	植物、合成
	β-カロチン	β-カロテン	製品の酸化防止。着色	合成
	BHA	ブチルヒドロキシアニソール	製品の酸化防止	合成
	BHT	ジブチルヒドロキシトルエン	製品の酸化防止	合成

※各成分の主な配合目的は、一例です

《 訴求成分 》

乾燥対策

部※1	表示名称※2	慣用名または別名など	主な作用※3		主な由来 または製法
			保湿	エモリエント	
●	米エキスNo.11	ライスパワー®No.11※4	皮膚水分保持能の改善 頭皮水分保持能の改善		発酵
―	PCA PCA-Na	ピロリドンカルボン酸 ピロリドンカルボン酸ナトリウム	○		合成
―	ヒアルロン酸Na	―	○		微生物の産生物、鳥類（ニワトリのトサカ）
―	アセチルヒアルロン酸Na	―	○		微生物の産生物
―	コンドロイチン硫酸Na	―	○		魚類
―	グルタミン酸Na	L-グルタミン酸ナトリウム	○		発酵（昆布）
―	セリン、グリシン、ヒドロキシプロリンなど	アミノ酸	○		合成、発酵、天然
―	ポリグルタミン酸	―	○		発酵
―	トレハロース	トレハロース液	○		発酵（でんぷん）
―	ベタイン	トリメチルグリシン	○		植物、合成
―	水溶性コラーゲン	コラーゲン	○		動物、魚類、鳥類
―	ヘパリン類似物質※5	―	○		合成（豚由来）
―	セラミドEOP（セラミド1）、セラミドNP（セラミド3）など	セラミド		○	発酵

部[1]	表示名称[2]	慣用名または別名など	主な作用[3] 保湿	主な作用[3] エモリエント	主な由来または製法
−	レシチン	−		○	植物、卵黄
−	スフィンゴ脂質	−		○	動物
−	コレステロール	−		○	植物、動物、魚類
−	ラウロイルグルタミン酸ジ（フィトステリル/オクチルドデシル）	−		○	合成
−	スクワラン	−		○	魚類（鮫肝油）、植物、合成
−	ホホバ種子油	ホホバ油		○	植物
−	ワセリン	−		○	石油

※1 乾燥対策の医薬部外品の有効成分として配合される成分に●をつけています
※2 医薬部外品の有効成分となりうる成分で●がついているものは、表示名称に医薬部外品表示名称を記載しています
※3 乾燥対策としての主な作用に○をつけています
※4 ライスパワーは勇心酒造株式会社の登録商標です
※5 ヘパリン類似物質は医薬部外品だけではなく、医薬品の有効成分としても使用されています

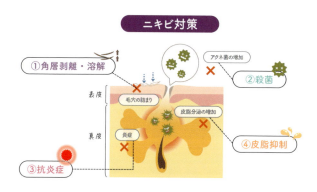

部[1]	表示名称[2]	慣用名または別名	主な作用[3] ①角層剥離・溶解	②殺菌	③抗炎症	④皮脂抑制	その他	主な由来または製法
●	サリチル酸	−	○	○	○			合成、植物
●	イオウ	−		○	○			鉱物
●	レゾルシン	−		○	○			合成
●	イソプロピルメチルフェノール	IPMP		○				合成
●	塩化ベンザルコニウム	−		○				合成
●	グリチルリチン酸ジカリウム	グリチルリチン酸2K			○			植物
●	アラントイン	−			○			合成
●	塩酸ピリドキシン	ビタミンB₆				○		合成

部[※1]	表示名称[※2]	慣用名または別名など	主な作用[※3] ①角層剥離・溶解	②殺菌	③抗炎症	④皮脂抑制	その他	主な由来または製法
●	エストラジオール、エチニルエストラジオール など	エストラジオール誘導体				○		合成
−	グリコール酸	AHA	○					合成
−	アスコルビン酸	ビタミンC				○	○ 抗酸化	合成

※1「ニキビを防ぐ」医薬部外品の有効成分として配合される成分に●をつけています
※2 医薬部外品の有効成分となりうる成分で●がついているものは、表示名称に医薬部外品表示名称を記載しています
※3 ニキビ対策としての主な作用に○をつけています

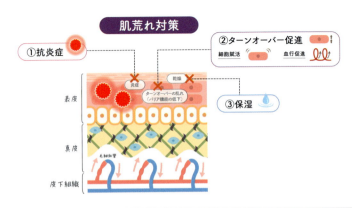

部[※1]	表示名称[※2]	慣用名または別名など	主な作用[※3] ①抗炎症	②ターンオーバー促進 ②-1 細胞賦活	②-2 血行促進	③保湿	主な由来または製法
●	グリチルリチン酸ジカリウム	グリチルリチン酸2K	○				植物
●	グリチルレチン酸ステアリル	−	○				植物
●	トラネキサム酸	−	○				合成
●	ヘパリン類似物質	−			○	○	合成
●	アラントイン	−	○	○			合成
●	D-パントテニルアルコール	パンテノール		○			合成
●	dl-α-トコフェリルリン酸ナトリウム	VEP-M、ビタミンE誘導体	○				合成
●	ニコチン酸アミド、ナイアシンアミド	−		○	○		合成
●	酢酸DL-α-トコフェロール	酢酸トコフェロール、ビタミンE誘導体			○		合成
●	尿素	−				○	合成

部※1	表示名称※2	慣用名または別名など	主な作用※3				主な由来または製法
			①抗炎症	②ターンオーバー促進		③保湿	
				②-1 細胞賦活	②-2 血行促進		
●	米エキスNo.11	ライスパワー®No.11※4				皮膚水分保持能の改善、頭皮水分保持能の改善	発酵
−	グアイアズレン	−	○				植物

※1「肌荒れ、荒れ性を防ぐ」医薬部外品の有効成分として配合される成分に●をつけています
（米エキスNo.11は「水分保持能の改善」「頭皮水分保持能の改善」の医薬部外品の有効成分）
※2 医薬部外品の有効成分となりうる成分で●がついているものは、表示名称に医薬部外品表示名称を記載しています
※3 肌荒れ対策としての主な作用に○をつけています
※4 ライスパワーは勇心酒造株式会社の登録商標です

毛穴対策

部※1	表示名称	慣用名または別名など	主な作用※2					主な由来または製法
			皮脂抑制	角層剥離・溶解	細胞賦活	抗酸化	その他	
−	米エキスNo.6	ライスパワー®No.6※3	●※4					発酵
−	★シミ対策参照	ビタミンC誘導体	○					合成
−	ジペプチド-15	グリシルグリシン					○ 細胞内のイオンバランスを整え、不飽和脂肪酸による肌への影響を防ぐ	合成
−	パパイン	−		○				植物、合成
−	プロテアーゼ	蛋白分解酵素		○				植物、合成
−	リパーゼ	−		○ 角栓溶解				合成
−	レチノール	ビタミンA			○			合成
−	ユビキノン	コエンザイムQ10			○	○		合成

※1 毛穴に対する効能効果が認められた医薬部外品の有効成分はありません
※2 毛穴対策としての主な作用に○をつけています
※3 ライスパワーは勇心酒造株式会社の登録商標です
※4 米エキスNo.6は「皮脂分泌を抑制する」医薬部外品の有効成分

259

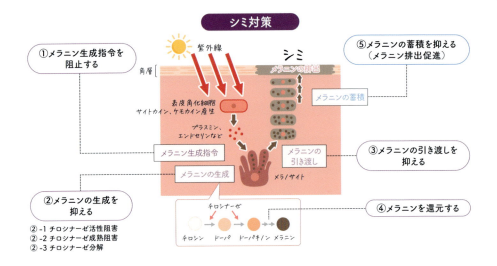

部※1	表示名称※2		慣用名または別名など	主な作用※3							主な由来または製法
				①メラニン生成指令阻止	②メラニンの生成を抑える			③メラニン引き渡し抑制	④メラニン還元	⑤メラニン蓄積抑制(排出促進)	
					②-1 チロシナーゼ活性阻害	②-2 チロシナーゼ成熟阻害	②-3 チロシナーゼ分解				
メラニンの生成を抑え、シミ・そばかすを防ぐ	●	トラネキサム酸	—	○							合成
	●	カモミラET	—	○							植物(ジャーマンカモミール)
	●	トラネキサム酸セチル塩酸塩	TXC			○					合成
	●	グリチルレチン酸ステアリルSW	—				○				合成
	●	水溶性	アスコルビン酸	ビタミンC		○				○		合成
	●		L-アスコルビン酸2-グルコシド	ビタミンC誘導体、AA2G		○						合成
	●		リン酸L-アスコルビルマグネシウム	ビタミンC誘導体、VC-PMG、APM		○				○		合成
	●		L-アスコルビン酸リン酸エステルナトリウム	ビタミンC誘導体、VC-PNA、APS		○						合成
	●		3-O-エチルアスコルビン酸	ビタミンC誘導体、VCエチル		○						合成
	—		グリセリルアスコルビン酸	ビタミンC誘導体、VC-2G		○						合成
	●	脂溶性	テトラ2-ヘキシルデカン酸アスコルビル	ビタミンC誘導体、VC-IP		○						合成
	—		ジパルミチン酸アスコルビル	ビタミンC誘導体、ビタミンCパルミテート		○						合成
	—	水溶性+脂溶性	パルミチン酸アスコルビルリン酸3Na	ビタミンC誘導体、APPS		○				○		合成
	—		カプリリル2-グリセリルアスコルビン酸	ビタミンC誘導体、GO-VC		○				○		合成

部※1	表示名称※2	慣用名または別名など	主な作用※3							主な由来または製法
			① メラニン生成指令阻止	② メラニンの生成を抑える			③ メラニン引き渡し抑制	④ メラニン還元	⑤ メラニン蓄積抑制(排出促進)	
				②-1 チロシナーゼ活性阻害	②-2 チロシナーゼ成熟阻害	②-3 チロシナーゼ分解				
メラニンの生成を抑え、シミ・そばかすを防ぐ ●	アルブチン	β-アルブチン		○						合成(植物)
●	コウジ酸	—		○						発酵
●	エラグ酸	—		○						植物(タラの鞘)
●	4-n-ブチルレゾルシン	ルシノール		○						植物(もみの木)
●	4-メトキシサリチル酸カリウム塩	4MSK		○						合成
●	5,5'-ジプロピル-ビフェニル-2,2'-ジオール	マグノリグナン			○					合成
●	リノール酸S	リノール酸				○				植物
●	ナイアシンアミド、ニコチン酸アミド	D-メラノ™					○			合成
メラニンの蓄積を抑え、シミ・そばかすを防ぐ ●	デクスパンテノールW	PCE-DP、m-ピクセノール							○	合成
●	アデノシン一リン酸ニナトリウムOT	エナジーシグナルAMP							○	天然酵母
—	ハイドロキノン	—		○						合成

※1 「メラニンの生成を抑え、シミ・そばかすを防ぐ」または「メラニンの蓄積を抑え、シミ・そばかすを防ぐ」医薬部外品の有効成分として配合される成分に●をつけています

※2 医薬部外品の有効成分となりうる成分で●がついているものは、表示名称に医薬部外品表示名称を記載しています

※3 シミ対策としての主な作用に○をつけています

くすみ対策

部※1	表示名称	慣用名または別名など	主な作用※2						主な由来または製法
			角質除去	保湿	血行促進	抗糖化	抗酸化※3	美白※4	
—	乳酸	AHA	○						発酵、合成
—	リンゴ酸	AHA	○						発酵、合成
—	パパイン	—	○						植物、合成
—	プロテアーゼ	蛋白質分解酵素	○						植物、合成
—	セラミドEOP(セラミド1)、セラミドNP(セラミド3)など	セラミド		○ エモリエント					発酵
—	ヒアルロン酸Na	ヒアルロン酸		○					微生物の産生物、鳥類(ニワトリのトサカ)
—	水溶性コラーゲン	コラーゲン		○					動物、魚類
—	セリン、プロリン、ヒドロキシプロリンなど	アミノ酸		○					発酵
—	トウガラシ果実エキス	—			○				植物
—	酢酸トコフェロール	ビタミンE誘導体			○		○		合成
—	二酸化炭素(ガスとして)	—			○				合成
—	ゲットウ葉エキス	—				○			植物
—	ドクダミエキス	—				○			植物
—	ウメ果実エキス	—				○			植物
—	レンゲソウエキス	—				○			植物
—	フラーレン	—					○		合成
—	アスタキサンチン	—					○		甲殻類

部※1	表示名称	慣用名 または別名など	主な作用※2						主な由来または製法
			角質除去	保湿	血行促進	抗糖化	抗酸化※3	美白※4	
−	★シミ対策参照	ビタミンC誘導体						○※4	合成
−	レチノール	ビタミンA	○ ターンオーバー促進						合成

※1 くすみに対する効能効果が認められた医薬部外品の有効成分はありません
※2 くすみ対策としての主な作用に○をつけています
※3 抗酸化：くすみの原因となるカルボニル化を防ぐことが期待できます
※4 美白：「メラニンの生成を抑え、シミ・そばかすを防ぐ」医薬部外品の有効成分

くま対策

部※1	表示名称	慣用名 または別名など	主な作用※2				主な由来または製法
			美白※3	抗炎症	血行促進	細胞賦活	
−	トラネキサム酸	−	○※3	○			合成
−	カモミラET	−	○※3	○			植物（カモミール）
−	★シミ対策参照	ビタミンC誘導体	○※3			○	合成
−	カフェイン	−			○		合成
−	酢酸トコフェロール	ビタミンE誘導体			○		合成
−	トウガラシ果実エキス	−			○		植物
−	ショウガ根茎エキス	ショウキョウチンキ			○		植物
−	レチノール	ビタミンA				○	合成
−	ナイアシンアミド、ニコチン酸アミド	ビタミンB₃	○※3			○	合成
−	加水分解コラーゲン	−				○	動物、魚類
−	ヒト幹細胞順化培養液 など					○	培養

※1 くまに対する効能効果が認められた医薬部外品の有効成分はありません
※2 くま対策としての主な作用に○をつけています
※3 美白：「メラニンの生成を抑え、シミ・そばかすを防ぐ」医薬部外品の有効成分

シワ対策

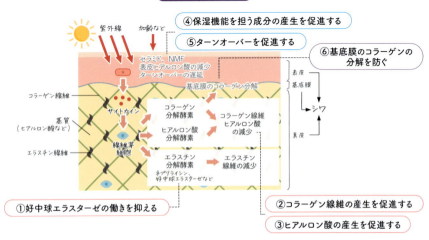

部※1	表示名称※2	慣用名または別名 など	主な作用※3						保湿	細胞賦活	その他	主な由来または製法
			真皮			表皮		基底膜				
			① 好中球エラスターゼ抑制	② コラーゲン線維産生促進	③ ヒアルロン酸産生促進	④ 保湿機能を担う成分の産生促進	⑤ ターンオーバー促進	⑥ コラーゲン分解抑制				
●	三フッ化イソプロピルオキソプロピルアミノカルボニルピロリジンカルボニルメチルプロピルアミノカルボニルベンゾイルアミノ酢酸Na	ニールワン	○（コラーゲン線維、エラスチン線維分解抑制）									合成
●	レチノール	純粋レチノール		○	○	○ 表皮ヒアルロン酸産生促進	○					合成
●	ナイアシンアミド	ナイアシンアミド				○ セラミド産生促進						合成
●	dl-α-トコフェリルリン酸ナトリウムM	VEP-M, ビタミンE誘導体				○ 表皮ヒアルロン酸、セラミド産生促進						合成
●	ライスパワーNo.11+			○		○ 表皮ヒアルロン酸、セラミド、NMF産生促進		○				発酵
－	スクワラン	－							○ エモリエント			魚類（鮫肝油）、植物、合成
－	ワセリン	－							○ エモリエント			石油
－	セラミドEOP（セラミド1）、セラミドNP（セラミド3） など	セラミド							○ エモリエント			発酵
－	★シミ対策参照	ビタミンC誘導体		○							○ コラーゲン線維産生促進	合成
－	加水分解コラーゲン	コラーゲン							○			動物、魚類、発酵
－	ヒト幹細胞順化培養液 など	－								○		培養
－	ジ酢酸ジペプチドジアミノブチロイルベンジルアミド	シンエイク									○ シワ弛緩	合成
－	アセチルヘキサペプチド-8	アルジルリン									○ シワ弛緩	合成
－	加水分解オクラ種子エキス	－									○ シワ弛緩	植物

※1 「シワを改善する」医薬部外品の有効成分として配合される成分に●をつけています

※2 医薬部外品の有効成分となりうる成分で●がついているものは、表示名称に医薬部外品表示名称を記載しています

※3 シワ・たるみ対策としての主な作用に○をつけています

抗酸化成分

部※	表示名称	慣用名または別名など	主な作用 抗酸化	主な作用 その他	主な由来または製法
−	★シミ対策参照	ビタミンC、ビタミンC誘導体	○	○ 美白	合成
−	酢酸トコフェロール	ビタミンE誘導体	○	○ 血行促進	合成
−	コエンザイムQ10	CoQ10、ユビキノン	○		発酵、合成
−	アスタキサンチン	−	○		甲殻類
−	チオクト酸	α-リポ酸	○		植物
−	フラーレン		○		合成

※ 抗酸化として効能効果が認められた医薬部外品の有効成分はありません

防臭・デオドラント

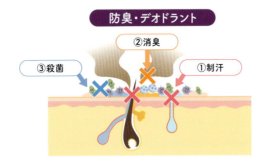

部※1	表示名称※2	慣用名または別名など	主な作用※3 ①制汗	主な作用※3 ②消臭	主な作用※3 ③殺菌	主な由来または製法
●	クロルヒドロキシアルミニウム	−	○			合成
●	パラフェノールスルホン酸亜鉛	−	○			合成
●	酸化亜鉛	亜鉛華		○		鉱物、合成
●	イソプロピルメチルフェノール				○	合成
●	塩化ベンザルコニウム				○	合成
−	銀含有アパタイト	−			○	合成

※1 腋臭防止剤の有効成分として配合される成分に●をつけています
※2 医薬部外品の有効成分となりうる成分で●がついているものは、表示名称に医薬部外品表示名称を記載しています
※3 防臭の主な作用に○をつけています

育毛・養毛

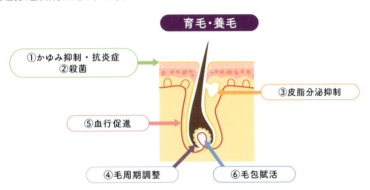

264

部※1	表示名称※2	慣用名または別名など	主な作用※3						主な由来または製法
			①かゆみ抑制・抗炎症	②殺菌（静菌）	③皮脂抑制	④毛周期調整	⑤血行促進	⑥毛包賦活	
●	アラントイン	–	○						合成
●	グリチルリチン酸ジカリウム	グリチルリチン酸2K	○						植物、合成
●	β-グリチルレチン酸	–	○						植物、合成
●	塩酸ジフェンヒドラミン	–	○						合成
●	ジンクピリチオン液	–		○					合成
●	ミコナゾール硝酸塩	–		○					合成
●	ヒノキチオール	–		○				○	植物
●	イソプロピルメチルフェノール	IPMP		○					合成
●	ピロクトンオラミン	オクトピロックス			○				合成
●	塩酸ピリドキシン	ビタミンB6			○				合成
●	トランス-3,4'-ジメチル-3-ヒドロキシフラバノン	t-フラバノン				○			合成
●	6-ベンジルアミノプリン	サイトプリン				○			合成
●	センブリエキス	–					○		植物
●	酢酸DL-α-トコフェロール、ニコチン酸dl-α-トコフェロール など	ビタミンE誘導体					○		合成
●	ニコチン酸アミド	ビタミンB3					○		合成
●	セファランチン	–					○		植物
●	ℓ-メントール	–					○		植物、合成
●	トウガラシチンキ	–					○		植物
●	ショウキョウチンキ	–					○		植物
●	カンタリスチンキ	–					○		植物
●	ペンタデカン酸グリセリド	PDG、ペンタデカン						○	合成
●	パンテニルエチルエーテル、D-パントテニルアルコール など	プロビタミンB5誘導体						○	合成
●	ニンジンエキス	–						○	植物
●	アデノシン	–						○	合成

※1 育毛剤（養毛剤）または薬用化粧品（シャンプー・リンス）の有効成分として配合される成分に●をつけています

※2 医薬部外品の有効成分となりうる成分で●がついているものは、表示名称に医薬部外品表示名称を記載しています

※3 育毛・養毛としての主な作用に○をつけています

オーラルケア

口臭またはその発生の防止
②殺菌

タバコのヤニ除去
④タバコのヤニ溶解除去

虫歯の発生・進行の予防
①歯質強化
②殺菌

歯肉炎の予防
②殺菌
⑤細胞賦活

歯石の形成・沈着を防ぐ
③歯石予防

歯周炎（歯槽膿漏）の予防
⑥血行促進
⑦抗炎症
⑧収れん

歯がしみるのを防ぐ
⑨知覚鈍麻

部※1		表示名称※2	慣用名または別名など	主な作用※3									主な由来または製法
				①歯質強化	②殺菌	③歯石予防	④タバコのヤニ溶解除去	⑤細胞賦活	⑥血行促進	⑦抗炎症	⑧収れん	⑨知覚鈍麻	
虫歯の発生・進行の予防	●	フッ化ナトリウム	NaF、フッ化物	○									合成
	●	モノフルオロリン酸ナトリウム	MFP	○									合成
	●	イソプロピルメチルフェノール	IPMP		○								合成
	●	塩化セチルピリジニウム	CPC		○								合成
歯石の形成・沈着を防ぐ	●	ポリリン酸ナトリウム	−			○							合成
	●	ゼオライト	−			○							鉱物
口臭またはその発生の防止	●	塩化ベンゼトニウム	−		○								合成
	●	トリクロサン	−		○								合成
タバコのヤニ除去	●	ポリエチレングリコール	−				○						合成
	●	ポリビニルピロリドン	−				○						合成
歯肉炎の予防	●	イソプロピルメチルフェノール	IPMP		○								合成
	●	塩化セチルピリジニウム			○								合成
	●	トリクロサン			○								合成
	●	塩酸ピリドキシン	ビタミンB6					○					合成
歯周炎（歯槽膿漏）の予防	●	酢酸DL-α-トコフェロール など	ビタミンE誘導体						○				合成
	●	グリチルレチン酸	−							○			合成
	●	塩化リゾチーム	−							○			動物（鶏の卵）
	●	ε-アミノカプロン酸	−							○			合成
	●	トラネキサム酸	−							○			合成
	●	アラントイン	−								○		合成
	●	塩化ナトリウム	塩								○		海水

部[※1]	表示名称[※2]	慣用名または別名など	主な作用[※3] ①歯質強化	② 殺菌	③ 歯石予防	④ タバコのヤニ溶解除去	⑤ 細胞賦活	⑥ 血行促進	⑦ 抗炎症	⑧ 収れん	⑨ 知覚純麻	主な由来または製法
歯がしみるのを防ぐ	● 硝酸カリウム	—									○	合成

※1 薬用歯磨き類の有効成分として配合される成分に●をつけています
※2 医薬部外品の有効成分となりうる成分で●がついているものは、表示名称に医薬部外品表示名称を記載しています
※3 薬用歯磨き類としての主な作用に○をつけています

フレグランス

精油の種類と主な効果

効果[※]	精油の種類
リラックス	ラベンダー、ジャスミン、ローズ
睡眠導入	オレンジ、シダーウッド、ローズウッド、コリアンダー、クラリーセージ
ダイエット（満腹中枢刺激による食欲抑制）	グレープフルーツ、ラズベリー、サイプレス、中国産のキンモクセイ（桂花）
美白（メラニン生成抑制）	ラブダナム
抗菌	タイム
鎮痛	ベルガモット、レモン、プチグレン、ユーカリ、ローズマリー、ジンジャー、バジル、サンダルウッド、ラベンダー

※かいだり塗布したりすることによる効果です　※報告されている精油の効果の一例です

よく使用される香料例

構成	天然香料	合成香料
トップノート	ベルガモット、オレンジ、レモン、ローズマリー、ラベンダー、ユーカリ、ペパーミント、ライム、プチグレン、マンダリン、コリアンダー、マジョラム、ガルバナム	リモネン、カンファー、オクタナール、酢酸リナリル、ローズオキシド、リナロール
ミドルノート（ハートノート）	ローズ、ゼラニウム、カモミール、イランイラン、クローブ、タイム、ネロリ	タービオネール、ゲラニオール、シトロネロール、酢酸ゲラニル、酢酸シトロネリル、シトラール、オイゲノール、ヘディオン®、フェニルエチルアルコール
ベースノート（ラストノート）	シナモン、サンダルウッド、シダーウッド、オークモス、パチュリ、ベチバー、ラブダナム、ペルーバルサム	シス・ジャスモン、イオノン、ファルネソール、メチルイオノン、バニリン、クマリン、ヘリオトロピン、イソ・イー・スーパー® リラール®、アンブロックス®、ムスク類

※ヘディオン、アンブロックスはフィルメニッヒ社、イソ・イー・スーパー、リラールはインターナショナル・フレーバー・アンド・フレグランス社の登録商標です

267

《旧表示指定成分（化粧品）》

分類	医薬品医療機器等法による成分名
防腐剤	安息香酸及びその塩類、イクタモール、イソプロピルメチルフェノール、ウンデシレン酸モノエタノールアミド、塩化アルキルジアミノエチルグリシン、塩酸クロルヘキシジン、オルトフェニルフェノール、グルコン酸クロルヘキシジン、クレゾール、クロラミンT、クロルキシレノール、クロルクレゾール、クロルフェネシン、クロロブタノール、5-クロロ-2-メチル-4-イソチアゾリン-3-オン、サリチル酸及びその塩類、1,3-ジメチロール-5,5-ジメチルヒダントイン、臭化アルキルイソキノリニウム、臭化セチルトリメチルアンモニウム、臭化ドミフェン、ソルビン酸及びその塩類、チモール、チラム、デヒドロ酢酸及びその塩類、トリクロサン、トリクロロカルバニリド、パラオキシ安息香酸エステル、パラクロルフェノール、ハロカルバン、ピロガロール、フェノール、ヘキサクロロフェン、2-メチル-4-イソチアゾリン-3-オン、N,N''-メチレンビス[N'-(3-ヒドロキシメチル-2,5-ジオキソ-4-イミダゾリジニル)ウレア]（別名：イミダゾリジニルウレア）、レゾルシン
界面活性剤 （帯電防止剤、殺菌剤）	塩化アルキルトリメチルアンモニウム、塩化ジステアリルジメチルアンモニウム、塩化ステアリルジメチルベンジルアンモニウム、塩化ステアリルトリメチルアンモニウム、塩化セチルトリメチルアンモニウム、塩化セチルピリジニウム、塩化ベンザルコニウム、塩化ベンゼトニウム、塩化ラウリルトリメチルアンモニウム
界面活性剤 （乳化剤）	酢酸ポリオキシエチレンラノリンアルコール、セチル硫酸ナトリウム、ポリオキシエチレンラノリン、ポリオキシエチレンラノリンアルコール
界面活性剤 （洗浄剤）	直鎖型アルキルベンゼンスルホン酸ナトリウム、ポリオキシエチレンラウリルエーテル硫酸塩類、ラウリル硫酸塩類、ラウロイルサルコシンナトリウム
毛根刺激	塩酸ジフェンヒドラミン、カンタリスチンキ、ショウキョウチンキ、トウガラシチンキ、ニコチン酸ベンジル、ノニル酸バニリルアミド
保湿剤	プロピレングリコール、ポリエチレングリコール（平均分子量が600以下の物）
皮膜形成剤	セラック、天然ゴムラテックス
粘着剤、皮膜形成剤	ロジン
香料の溶剤	ベンジルアルコール
中和剤	ジイソプロパノールアミン、ジエタノールアミン、トリイソプロパノールアミン、トリエタノールアミン
増粘剤	トラガント
抗炎症	グアイアズレン、グアイアズレンスルホン酸ナトリウム
収れん剤	パラフェノールスルホン酸亜鉛
紫外線吸収剤・安定化剤	オキシベンゾン、サリチル酸フェニル、シノキサート、パラアミノ安息香酸エステル、2-(2-ヒドロキシ-5-メチルフェニル)ベンゾトリアゾール
酵素類	塩化リゾチーム
酸化防止剤など	酢酸dl-α-トコフェロール
酸化防止剤	カテコール、ジブチルヒドロキシトルエン、dl-α-トコフェロール、ブチルヒドロキシアニソール、没食子酸プロピル
キレート剤	エデト酸及びその塩類
基剤（乳化安定）	ステアリルアルコール、セタノール
基剤 （エモリエント剤）	酢酸ラノリン、酢酸ラノリンアルコール、セトステアリルアルコール、ミリスチン酸イソプロピル、ラノリン、液状ラノリン、還元ラノリン、硬質ラノリン、ラノリンアルコール、水素添加ラノリンアルコール、ラノリン脂肪酸イソプロピル、ラノリン脂肪酸ポリエチレングリコール
着色剤	医薬品等に使用することができるタール色素を定める省令（昭和41年厚生省令第30号）に掲げるタール色素
ホルモン	ホルモン
着香剤	香料

〈 表示指定成分（医薬部外品）〉

分類	医薬品医療機器等法による成分名
防腐剤	安息香酸及びその塩類、ウンデシレン酸及びその塩類、ウンデシレン酸モノエタノールアミド、5-クロロ-2-メチル-4-イソチアゾリン-3-オン、ソルビン酸及びその塩類、デヒドロ酢酸及びその塩類、パラアミノ安息香酸エステル、パラオキシ安息香酸エステル、N·N"-メチレンビス［N'-（3-ヒドロキシメチル-2·5-ジオキソ-4-イミダゾリジニル）ウレア］（別名イミダゾリジニルウレア）
殺菌・防腐剤	イクタモール、イソプロピルメチルフェノール、塩化セチルピリジニウム、塩化ベンザルコニウム、塩化ベンゼトニウム、塩酸アルキルジアミノエチルグリシン、塩酸クロルヘキシジン、グルコン酸クロルヘキシジン、クレゾール、クロラミンT、クロルキシレノール、クロルクレゾール、クロルフェネシン、クロロブタノール、サリチル酸及びその塩類、1·3-ジメチロール-5·5-ジメチルヒダントイン（別名DMDMヒダントイン）、臭化アルキルイソキノリニウム、臭化ドミフェン、トリクロサン、トリクロロカルバニリド、チモール、チラム、パラアミノフェニルスルファミン酸、パラアミノフェノール及びその硫酸塩、パラクロルフェノール、ハロカルバン、フェノール、ヘキサクロロフェン、2-メチル-4-イソチアゾリン-3-オン、レゾルシン
殺菌剤・抗炎症	サリチル酸フェニル
界面活性剤（帯電防止剤）	塩化アルキルトリメチルアンモニウム、塩化ジステアリルジメチルアンモニウム、塩化ステアリルジメチルベンジルアンモニウム、塩化ステアリルトリメチルアンモニウム、塩化セチルトリメチルアンモニウム、臭化セチルトリメチルアンモニウム
界面活性剤（乳化剤）	塩化ラウリルトリメチルアンモニウム、酢酸ポリオキシエチレンラノリンアルコール、セチル硫酸ナトリウム、ポリオキシエチレンラノリン、ポリオキシエチレンラノリンアルコール、ラノリン脂肪酸ポリエチレングリコール
界面活性剤（洗浄剤）	直鎖型アルキルベンゼンスルホン酸ナトリウム、ポリオキシエチレンラウリルエーテル硫酸塩類、ラウリル硫酸塩類、ラウロイルサルコシンナトリウム
育毛成分など	塩酸ジフェンヒドラミン、カンタリスチンキ、ショウキョウチンキ、トウガラシチンキ、ニコチン酸ベンジル、ノニル酸バニリルアミド
染毛成分	2-アミノ-4-ニトロフェノール、2-アミノ-5-ニトロフェノール及びその硫酸塩、1-アミノ-4-メチルアミノアントラキノン、3·3'-イミノジフェノール、塩酸2·4-ジアミノフェノキシエタノール、塩酸2·4-ジアミノフェノール、オルトアミノフェノール及びその硫酸塩、オルトフェニルフェノール、カテコール、1·4-ジアミノアントラキノン、2·6-ジアミノピリジン、ジフェニルアミン、トルエン-2·5-ジアミン及びその塩類、トルエン-3·4-ジアミン、ニトロパラフェニレンジアミン及びその塩類、パラアミノオルトクレゾール、パラニトロオルトフェニレンジアミン及びその硫酸塩、パラフェニレンジアミン及びその硫酸塩、パラメチルアミノフェノール及びその硫酸塩、ピクラミン酸及びそのナトリウム塩、N·N'-ビス(4-アミノフェニル)-2·5-ジアミノ-1·4-キノンジイミン（別名バンドロウスキーベース）、5-(2-ヒドロキシエチルアミノ)-2-メチルフェノール、2-ヒドロキシ-5-ニトロ-2·4-ジアミノアゾベンゼン-5-スルホン酸ナトリウム（別名クロムブラウンRH）、ピロガロール、N-フェニルパラフェニレンジアミン及びその塩類、メタアミノフェノール、メタフェニレンジアミン及びその塩類、硫酸2·2'-［（4-アミノフェニル）イミノ］ビスエタノール、硫酸オルトクロルパラフェニレンジアミン、硫酸4·4'-ジアミノジフェニルアミン、硫酸パラニトロメタフェニレンジアミン、硫酸メタアミノフェノール、N·N'-ビス(2·5-ジアミノフェニル)ベンゾキノンジイミド
保湿剤	プロピレングリコール、ポリエチレングリコール（平均分子量600以下のものに限る。）
皮膜形成剤	天然ゴムラテックス
結合剤・皮膜形成剤	ロジン
溶剤	ベンジルアルコール
アルカリ剤	ジイソプロパノールアミン、ジエタノールアミン、トリイソプロパノールアミン、トリエタノールアミン、モノエタノールアミン
増粘剤	トラガント
抗炎症	グアイアズレン、グアイアズレンスルホン酸ナトリウム
肌荒れ防止成分	酢酸-dl-α-トコフェロール
制汗成分	パラフェノールスルホン酸亜鉛
紫外線吸収剤・安定化剤	オキシベンゾン、シノキサート、2-(2-ヒドロキシ-5-メチルフェニル)ベンゾトリアゾール
酵素類	ウリカーゼ、塩化リゾチーム
酸化防止剤	ジブチルヒドロキシトルエン、dl-α-トコフェロール、ヒドロキノン、ブチルヒドロキシアニソール、没食子酸プロピル
キレート剤	エデト酸及びその塩類
還元剤	システイン及びその塩酸塩、チオグリコール酸及びその塩類、チオ乳酸塩類
基剤（乳化安定）	ステアリルアルコール、セタノール、セトステアリルアルコール
基剤（エモリエント剤）	酢酸ラノリン、酢酸ラノリンアルコール、ミリスチン酸イソプロピル、ラノリン、液状ラノリン、還元ラノリン、硬質ラノリン、ラノリンアルコール、水素添加ラノリンアルコール、ラノリン脂肪酸イソプロピル
着色剤	医薬品等に使用することができるタール色素を定める省令（昭和41年厚生省令第30号）別表第1、別表第2及び別表第3に掲げるタール色素
ホルモン	ホルモン

参考文献・資料

- 新化粧品学　第2版（南山堂）
- 最新化粧品科学　改訂増補（日本化粧品技術者会編，薬事日報社）
- 香粧品科学（朝倉書店）
- 化粧品事典（日本化粧品技術者会編，丸善出版）
- 化粧品の有用性（日本化粧品技術者会編，薬事日報社）
- 新化粧品ハンドブック（日光ケミカルズ株式会社 他）
- 機能性化粧品の開発IV（シーエムシー出版）
- 美容皮膚科学　改訂2版（日本美容皮膚科学会編，南山堂）
- 皮膚をみる人たちのための化粧品知識（日本香粧品学会編，南山堂）
- Science of wave 改訂版（日本パーマネントウェーブ液工業組合技術委員会，新美容出版）
- 理容・美容保健（公益社団法人日本理容美容教育センター）
- 新ヘア・サイエンス　第2刷（日本毛髪科学協会）
- 男性型および女性型脱毛症診療ガイドライン（男性型および女性型脱毛症診療ガイドライン作成委員会）
- 美容皮膚科学事典　最新改訂版（中央書院）
- JNA テクニカルシステムベーシック　第2版（NPO 法人日本ネイリスト協会）
- 香料の科学（講談社）
- エッセンス！フレーバー・フレグランス（三共出版）
- サプリメント活用事典（講談社）
- 日本ヘルスケアサプリメント協会 コンプライアンスガイド
- 粧技誌，23（4）
- J. Invest. Dermatol. 48
- J. Biol. Chem. 278（8）
- JA ppl Physiol.102
- 高分子学会，高分子論文集，62（5），201-207, 2005
- 日歯保存誌，48（2）
- フッ化物配合歯磨剤の推奨される利用方法について（日本小児歯科学会，日本口腔衛生学会，日本歯科保存学会，日本老年歯科医学会）
- 厚生労働省 Web サイト
- 消費者庁 Web サイト
- 文部科学省 Web サイト
- 日本化粧品工業会　Web サイト
- 日本歯磨工業会 Web サイト
- 日本石鹸洗剤工業会 Web サイト
- 日本ヘアカラー工業会 Web サイト
- 日本臨床歯周病学会 Web サイト
- 公益社団法人日本毛髪科学協会 Web サイト

本書の内容に関する注意事項

● 化粧品の処方や特徴，イラストなどは，一般的な参考資料を元につくり一例を紹介しています。全ての商品の特徴などに当てはまるわけではありません。

● メイクアップ方法なども，一般的なものをベースにしています。各メーカーにより推奨している方法が異なる場合もあります。

● 現時点での研究やデータなどを参考に制作しています。本書の内容に改訂があった場合，随時，日本化粧品検定協会ホームページ（https://cosme-ken.org/）でお知らせします。

● 日本化粧品検定や本書は，化粧品について学ぶもので，化粧品の良し悪しを決めるものではありません。

● 本書に記載されている内容は，一般的な事柄について記述したものであり，美容に関する知識の習得を目的としています。本書の知識のみで，診断や治療をすることは法律により禁じられています。また，肌トラブル等が起きた場合は，自己判断せず皮膚科専門医にご相談ください。

STAFF

本文イラスト／白いねこねこ
本文デザイン／秋吉佐弥佳、木村舞子（ナッティワークス）、桜田ゆかり、清水洋子、高松佳子、谷山佳乃（アドベックス2）、二橋孝行、茂木祐一、山谷吉立
装丁／山谷吉立
キャラクターデザイン／いしいともこ
制作・総合監修／藤岡賢大（日本化粧品検定協会 理事兼顧問）
制作協力／日本化粧品検定協会
　原稿作成：小西さやか、根岸里歌、村上佳奈代、山田恵美子、川名真紀子、鈴木恵美子、工藤さゆり
　イラスト作成：喜多のりこ
DTP制作／ローヤル企画、松田修尚（主婦の友社）
校正／文字工房燦光
編集協力／岩村優子、大井牧子、狩野啓子、小山まゆみ、高柳有里
編集／田中希
編集／西小路梨可、鵜澤みな子、大隅優子（主婦の友社）

おわりに

最後まで読んでくださり、ありがとうございます。

　化粧品や美容に関する情報は、私が「日本化粧品検定」を立ち上げた頃よりも、さらに膨大になってあふれています。自分でも調べやすくなった一方で、信頼できるものにたどり着くことが困難になっているようにも感じています。

　今回の改訂では3年間かけて、より専門性の高い医学博士や大学教授の方々に監修いただき、信頼性の高い情報にしました。さらに、法律関連を中心に最新情報にアップデートし、美容師国家試験などの美容の資格の内容に準拠し、よりわかりやすく学べるようにイラストでの解説を増やしました。

　本書は、日本化粧品検定の受験対策テキストとしてだけではなく、スキンケア、メイクにとどまらず、ボディケア、ヘアケア、ネイルケアなどを網羅しているため、日々のお手入れや化粧品について疑問を感じたときに事典としても活用いただけます。

　自分の化粧品選びはもちろんのこと、家族や友人、お客さまへの化粧品選びのアドバイスを行ったり、SNSで情報発信したりするための美容の基礎知識を学ぶ教科書として、さらには化粧品や美容業界で働く方々にとってのバイブルとして、役立てていただければ光栄です。

　出版にあたり、協会立ち上げ当初から全範囲を監修してくださった伊藤建三先生をはじめ、監修してくださった先生方、伊藤誠先生をはじめアドバイス・サポートいただいた専門家の方々、田中希様をはじめ編集に尽力いただいた主婦の友社のみなさま、3年間かけて一緒に原稿を書き続けてくださった日本化粧品検定協会理事　藤岡賢大様をはじめ、顧問・スタッフのみなさん、関わってくださったすべての方に心から感謝いたします。

　この本で、美容・コスメの悩みを解決するお手伝いができますように。

　手に取ってくださった方々が、キレイになることで自信をもって、より素敵な毎日が過ごせますように。

一般社団法人　日本化粧品検定協会

代表理事 小西さやか

小西さやか　一般社団法人日本化粧品検定協会® 代表理事

ボランティア活動として、Webサイトから無料で受験できる日本化粧品検定3級を立ち上げる。その後、主催する「日本化粧品検定」の1級と2級は文部科学省後援事業となり、現在、累計受験者数は150万人を突破している。北海道文教大学客員教授、東京農業大学客員准教授、日本薬科大学 招聘准教授、更年期と加齢のヘルスケア学会などの幹事、協会顧問・理事を歴任。化学修士（サイエンティスト）としての科学的視点から美容 コスメを評価できるスペシャリスト、コスメコンシェルジュ®として活躍中。著書は『美容成分キャラ図鑑』（西東社）、『「私に本当に合う化粧品」の選び方事典』（主婦の友社）など13冊、累計70万部を超える。

小西さやかインスタグラム
@cosmeconcierge

［内容・検定に関するお問い合わせ先　一般社団法人日本化粧品検定協会®］
info@cosme-ken.org

日本化粧品検定協会®
ホームページ
https://cosme-ken.org/

公式インスタグラム
@cosmeken

公式 X
@cosme_kentei

公式 tiktok
@cosmekentei

コスメのTERACOYA
https://cosme-ken.org/teracoya/

日本化粧品検定　1級対策テキスト　コスメの教科書　第3版

2025年1月20日　第1刷発行
2025年3月20日　第2刷発行

著者　一般社団法人日本化粧品検定協会®
発行者　大宮敏靖
発行所　株式会社主婦の友社
〒141-0021　東京都品川区上大崎3-1-1 目黒セントラルスクエア
電話 03-5280-7537（内容・不良品等のお問い合わせ）049-259-1236（販売）
印刷所　大日本印刷株式会社

©Sayaka Konishi 2024 Printed in Japan　ISBN978-4-07-460782-2

R〈日本複製権センター委託出版物〉
本書を無断で複写複製（電子化を含む）することは、著作権法上の例外を除き、禁じられています。
本書をコピーされる場合は、事前に公益社団法人日本複製権センター（JRRC）の許諾を受けてください。
また本書を代行業者等の第三者に依頼してスキャンやデジタル化することは、たとえ個人や家庭内での利用であっても一切認められておりません。
JRRC〈https://jrrc.or.jp　eメール:jrrc_info@jrrc.or.jp　電話:03-6809-1281〉

■本のご注文は、お近くの書店または主婦の友社コールセンター（電話0120-916-892）まで。
＊お問い合わせ受付時間　月〜金（祝日を除く）10:00〜16:00
＊個人のお客さまからよくある質問のご案内　https://shufunotomo.co.jp/faq/